ifaa-Edition

Die ifaa-Taschenbuchreihe behandelt Themen der Arbeitswissenschaft und Betriebsorganisation mit hoher Aktualität und betrieblicher Relevanz. Sie präsentiert praxisgerechte Handlungshilfen, Tools sowie richtungsweisende Studien, gerade auch für kleine und mittelständische Unternehmen. Die ifaa-Bücher richten sich an Fach- und Führungskräfte in Unternehmen, Arbeitgeberverbände der Metall- und Elektroindustrie und Wissenschaftler.

Weitere Bände in der Reihe http://www.springer.com/series/13343

ifaa – Institut für angewandte Arbeitswissenschaft e. V.
(Hrsg.)

Shopfloor-Management – Potenziale mit einfachen Mitteln erschließen

Erfolgreiche Einführung und Nutzung auch in kleinen und mittelständischen Unternehmen

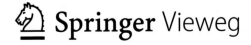

Springer Vieweg

Hrsg.
ifaa – Institut für angewandte Arbeitswissenschaft e. V.
Düsseldorf, Deutschland

Ergänzendes Material finden Sie auf http://www.springer.com/978-3-662-58489-7

ISSN 2364-6896   ISSN 2364-690X   (electronic)
ifaa-Edition
ISBN 978-3-662-58489-7   ISBN 978-3-662-58490-3   (eBook)
https://doi.org/10.1007/978-3-662-58490-3

Die Deutsche Nationalbibliothek verzeichnet diese Publikation in der Deutschen Nationalbibliografie; detaillierte bibliografische Daten sind im Internet über http://dnb.d-nb.de abrufbar.

Springer Vieweg

Springer Vieweg ist ein Imprint der eingetragenen Gesellschaft Springer-Verlag GmbH, DE und ist ein Teil von Springer Nature
Die Anschrift der Gesellschaft ist: Heidelberger Platz 3, 14197 Berlin, Germany

Vorwort

Die überwiegend durch kleine und mittelständische Unternehmen geprägte Industrie in Deutschland sieht sich zunehmend dem Druck ausgesetzt, kürzere Lieferzeiten, individuelle Produkte, kleinere Losgrößen und internationale Konkurrenz zu bewältigen. Hierzu sind transparente, stabile und zuverlässige Produktionsprozesse unabdingbar, zu denen Shopfloor-Management einen wesentlichen Beitrag leisten kann.

Kleine und mittlere Unternehmen nutzen Shopfloor-Management häufig nicht oder nur unzureichend. Jedoch ist Shopfloor-Management ein zielführendes Instrument zur Beseitigung von Störungen in der Produktion sowie zu deren nachhaltiger Verbesserung und reibungsloser Steuerung. Ein „gelebtes" Shopfloor-Management ist zudem eine der besten Möglichkeiten, um Ansätze des Lean Managements und der kontinuierlichen Verbesserung in allen Ebenen des Unternehmens erfolgreich zu etablieren. Die Mitarbeiter als wichtige Wissensträger für Prozessverbesserungen können ihre Erfahrungen im Shopfloor-Management täglich in die Arbeit einbringen und das Denken in Regelkreisen (PDCA) verinnerlichen.

Dieser Handlungsleitfaden vermittelt einerseits Grundlagen des Shopfloor-Managements und unterstützt andererseits interessierte Unternehmen bei der maßgeschneiderten Gestaltung und Einführung. Er soll insbesondere kleinen und mittleren Unternehmen Antworten auf die vielfältigen Fragen geben, die sich dabei stellen können. Er richtet sich an die Unternehmen, die sich noch nicht oder nur ansatzweise mit Shopfloor-Management beschäftigt haben. Ebenso kann er Unternehmen unterstützen, die bereits ein Shopfloor-Management etabliert haben und verbessern möchten.

Der Leitfaden fußt auf Erfahrungen aus der Implementierung von Shopfloor-Management in insgesamt sieben kleinen und mittelständischen Unternehmen mit 40 bis 500 Mitarbeitern in Nordrhein-Westfalen und Baden-Württemberg. Die Unternehmen sind Mitgliedsunternehmen der Arbeitgeberverbände Südwestmetall und METALL NRW. Das ifaa dankt den beteiligten Unternehmen und Verbandsingenieuren für ihr Engagement in diesem Pilotprojekt. Darin wurden die Praxistauglichkeit des im Folgenden beschriebenen Vorgehens bestätigt und wertvolle Erfahrungen gesammelt.

Den Lesern und Anwendern dieses Leitfadens wünscht das ifaa Freude und Erfolg auf dem Weg zu ihrem eigenen Shopfloor-Management-System.

Prof. Dr.-Ing. Sascha Stowasser

Direktor des ifaa – Institut für angewandte Arbeitswissenschaft e. V.

Inhaltsverzeichnis

1 Grundlagen 1
   1.1 Erfolgsbausteine des Shopfloor-Managements 1
   1.2 Vorteile 2
   1.3 Einsatzgebiete 2
   1.4 Stabilität 3

2 Voraussetzungen für die erfolgreiche Einführung des Shopfloor-Managements 5
   2.1 Wille des Managements 5
   2.2 Budget-Bereitstellung – Zeit und Geld 5
   2.3 Kommunikation des Projekts im Unternehmen 6
   2.4 Ziele definieren – Vision und Mission 6
   2.5 Überzeugung der Akteure 6
   2.6 Einbeziehung des Betriebsrates 6

3 Die Erfolgsbausteine im Detail 7
   3.1 Arbeitsprinzipien 7
   3.2 Rollenverständnis 9
   3.3 Nachhaltigkeit 10
   3.4 Kennzahlen 11
   3.5 Visuelles Management 14
   3.6 Regelkommunikation 18
   3.7 Systematische Problemlösung 20

4 Vorgehen zur Einführung von Shopfloor-Management 25
   4.1 Zielfindung 25
   4.2 Information und Sensibilisierung 26
   4.3 Einführung – Teil 1 26
   4.4 Einführung – Teil 2 28
   4.5 Erprobung 31
   4.6 Check-up 32
   4.7 Validierung/Überprüfung 33

5 Praxisbeispiele 35
   5.1 Beispiel: termintreue Montage 35
   5.2 Beispiel: Auftragssteuerung 36
   5.3 Beispiel: Schnittstellenmanagement/Informationskaskade 37
   5.4 Beispiel: Transfer vom Pilotbereich in das Unternehmen 37
   5.5 Beispiel: interne Liefertreue 38

Inhaltsverzeichnis

6 Erfahrungen 41

   6.1 Kennzahlen 41

   6.2 Visuelles Management 41

   6.3 Regelkommunikation 42

   6.4 Systematische Problemlösung 42

   6.5 Nachhaltigkeit 42

   6.6 Rollenverständnis 42

   6.7 Arbeitsprinzipien 43

7   Verwendete Literatur 45

8   Anhang mit Arbeitshilfen und Checklisten 47

   Anlage 1:   Projektplan zur SFM-Einführung 48

   Anlage 2:   Checkliste Voraussetzungen für die SFM-Einführung 49

   Anlage 3:   Beispiele möglicher Themen und Inhalte SFM-Board 50

   Anlage 4:   Checkliste Auswahl Inhalte und Kennzahlen SFM 51

   Anlage 5:   Checkliste Gestaltung Regelkommunikation 52

   Anlage 6:   Auditcheckliste Shopfloor-Management 53

   Anlage 7:   Checkliste Ursachen fehlender Nachhaltigkeit 54

   Anlage 8:   Maßnahmenplan 55

   Anlage 9:   einfaches Problemlösungsblatt 56

   Anlage 10:   A3-Problemlösungsblatt 57

   Anlage 11:   Verbesserungsvorschlag – One-Point-Lesson 58

   Anlage 12:   Soll-Ist-Aufschreibung 59

   Anlage 13:   Strichlistenerfassung 60

   Anlage 14:   Pareto-Problemerfassung 61

   Anlage 14:   Beispiel Pareto-Problemerfassung 62

   Anlage 15:   Liefertermineinhaltung 63

   Anlage 16:   Besetzungsplan 64

   Anlage 16:   Beispiel Besetzungsplan 65

   Anlage 17:   Arbeitssicherheits-Kalender 66

   Anlage 18:   Qualitäts-Kalender 67

   Anlage 19:   Kosten-Kalender 68

   Anlage 20:   Liefer-Kalender 69

   Anlage 21:   Kennzahlen-Sammlung 70

Autorenverzeichnis

Dipl.-Soz. Wiss. Ralph W. Conrad
ifaa – Institut für angewandte Arbeitswissenschaft e. V.
Düsseldorf
Deutschland
e-mail: r.conrad@ifaa-mail.de

Dipl.-Wirt.Ing. Olaf Eisele
ifaa – Institut für angewandte Arbeitswissenschaft e. V.
Düsseldorf
Deutschland
e-mail: o.eisele@ifaa-mail.de

Dr.-Ing. Frank Lennings
ifaa – Institut für angewandte Arbeitswissenschaft e. V.
Düsseldorf
Deutschland
e-mail: f.lennings@ifaa-mail.de

Grundlagen

Ralph W. Conrad, Olaf Eisele, Frank Lennings

„Shopfloor" steht für den „Hallenboden" bzw. die Produktionsstätte, also den Ort, an dem die eigentliche Wertschöpfung in Produktionsunternehmen erfolgt. „Management" bedeutet „Führen" und „Steuern". „Shopfloor-Management" bedeutet in der Kombination demnach: „Führen und Steuern am Ort der Wertschöpfung". Grundlage dafür sind tägliche, strukturierte Gespräche mit allen beteiligten Bereichen.

Die erforderlichen Inhalte und Rahmenbedingungen für diese Gespräche ergeben sich im Wesentlichen aus der Beantwortung folgender Fragen:

- Welchen Bereich betrachten wir?
- Was sind die wichtigsten Ziele, die wir dort im Alltag erreichen wollen?
- Was sind die wichtigsten Störfaktoren, die uns davon abhalten?
- Anhand welcher Kennzahlen und -größen wollen wir im Alltag die Zielerreichung sichern und die Störfaktoren kontrollieren?
- Mit welchen anderen Bereichen müssen wir zur Sicherung der Zielerreichung täglich kommunizieren und kooperieren?
- Wie wollen wir die tägliche Regelkommunikation und -kooperation gestalten? (Zeitpunkt, Dauer, Inhalte, Teilnehmer und ggf. Kaskadierung der Gespräche …)
- Wie gestalten wir kontinuierliche Verbesserung, um auf komplexe Probleme und systematische Fehler zu reagieren?
- Wie schaffen wir eine Kultur, in der alle Akteure einen reibungslosen und effizienten Wertschöpfungsprozess als gemeinsames Ziel ansehen und sich gemeinsam dafür einsetzen?

1.1 Erfolgsbausteine des Shopfloor-Managements

Die nachhaltige und erfolgreiche Optimierung von Prozessen erfordert Transparenz, sowie Regeln, Standards, Verhaltensweisen und Methoden. Abweichungen müssen zuverlässig und rechtzeitig erkannt und die zugrunde liegenden Probleme schnell und flexibel von Vertretern aller beteiligten Bereiche, am Ort der Wertschöpfung, schnell und mit möglichst einfachen Mitteln gelöst werden.

Shopfloor-Management umfasst im Wesentlichen sieben Erfolgsbausteine, die für seinen Erfolg relevant sind. Dazu gehören vier sichtbare Bausteine:

- visuelles Management (Visualisierung von Ist- und Soll-Zustand)
- Kennzahlen (was ist wichtig?)
- Regelkommunikation (definierte Kommunikation und Zusammenarbeit in und zwischen den Bereichen)
- systematische Problemlösung (strukturiertes Vorgehen, um Probleme im operativen Prozess im Team zielorientiert zu beheben)

Neben diesen sichtbaren Grundelementen erfordert erfolgreiches Shopfloor-Management weitere „unsichtbare" Elemente, die das Fundament des Systems bilden:

- Arbeitsprinzipien (Shopfloor-Orientierung, bereichsübergreifende Kooperation)
- Rollenverständnis (Aufgaben von Mitarbeitern und Führungskräften)
- Nachhaltigkeit (Sicherung und Ausbau des Shopfloor-Managements)

Abb. 1.1 Erfolgsbausteine des Shopfloor-Managements

Die in Abb. 1.1 dargestellten Erfolgsbausteine des Shopfloor-Managements werden in Kapitel 3 dieses Leitfadens detailliert beschrieben.

1.2 Vorteile

Das Shopfloor-Management bietet zahlreiche Vorteile, von denen Unternehmen, Führungskräfte und Mitarbeiter gleichermaßen profitieren. Zu der breiten Palette zählen:

- sichere Erreichung der Unternehmensziele,
- schnelle Reaktion auf Abweichungen,
- Transparenz von Soll-/Ist-Zuständen und Trends,
- effiziente Planung und Kontrolle,
- das Denken in Regelkreisen (PDCA),
- wirtschaftlicher Einsatz von Ressourcen (Mensch, Maschine, Material, Information),
- verbesserte Auftragssteuerung und Termintreue gegenüber internen und externen Kunden,
- Versachlichung von Diskussionen,
- konsistente Ausrichtung aller Teilbereiche auf die Unternehmensziele,
- Darstellung von Optimierungspotenzialen und -resultaten,
- Reduzierung von Komplexität,
- nachhaltige, systematische und strukturierte Problemlösung,
- optimierte und robustere Prozesse,

- effiziente und zielgerichtete Kommunikation in und zwischen Teams,
- Selbstdisziplin und Motivation in den Teams,
- das Wissen der Teammitglieder um ihren Beitrag zum Unternehmenserfolg,
- das Verständnis der eigenen Rolle und der Bedeutung im Unternehmen,
- Abkehr bzw. Minimierung vom „Firefighting" seitens der Führungskräfte und
- weniger Überraschungen und Belastungen im Tagesablauf.

1.3 Einsatzgebiete

Shopfloor-Management findet sich entsprechend der Definition zumeist in den direkt wertschöpfenden Produktionsbereichen. Entscheidend beim Shopfloor-Management ist das Verständnis, dass alle betrieblichen Bereiche und Aufgaben dazu beitragen müssen, dass die Produktion als Ort der Wertschöpfung möglichst effizient, flexibel und störungsfrei arbeiten kann.

Jedoch ist die Nutzung von Shopfloor-Management auch in anderen Bereichen möglich, bspw. in der Entwicklung oder der Rechtsabteilung. Auch hier kann Shopfloor-Management seine Möglichkeiten entfalten, indem es Transparenz im Aufgabenbereich sichert und die Aufmerksamkeit auf Zielerreichung und Störungsbeseitigung fokussiert.

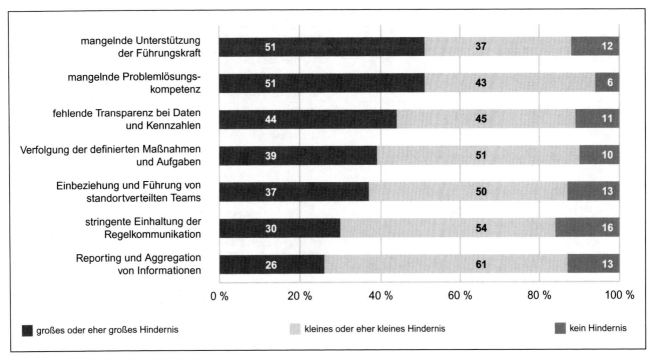

Abb. 1.2 Hindernisse bei der effektiven Umsetzung eines Shopfloor-Managements (nach Staufen 2017)

Im Falle des Entwicklungsbereiches kann bspw. die termingerechte und fehlerfreie Fertigstellung von Entwicklungs- und Konstruktionsprojekten als wertschöpfende Kernaufgabe des Bereiches betrachtet werden. Dann sind analog zum Shopfloor-Management in der Produktion auch in der Entwicklung folgende Fragen zu klären:

- Was sind die wichtigsten Ziele und Aufgaben?
- Welche Kapazität ist verfügbar und wie ist die Auslastung?
- Welche Kennzahlen sind relevant?
- Welche Abweichungen gibt es und wie wird darauf reagiert?
- An welchen Stellen beeinflussen andere Abteilungen den Arbeitsbereich?
- Wie sind die Regelkommunikation und Zusammenarbeit mit diesen zu gestalten?

1.4 Stabilität

Die Stabilitätssicherung des Shopfloor-Managements ist eine langfristige Aufgabe, die auch für Unternehmen herausfordernd ist, die sich schon seit längerer Zeit intensiv mit der Philosophie des Lean Managements auseinandersetzen. Das belegt eine umfassende Erhebung der Staufen AG. Dafür wurden etwa 1 500 Führungskräfte aus dem Maschi-

nen- und Anlagenbau sowie der Automobil- und Elektroindustrie gefragt: „Was sind aus Ihrer Sicht Hindernisse bei der effektiven Umsetzung eines Shopfloor-Managements?" Dabei stellten sich u. a. mangelnde Unterstützung der Führungskraft, mangelnde Problemlösungskompetenz, fehlende Transparenz der Daten und Kennzahlen, fehlende Verfolgung der definierten Maßnahmen und Aufgaben sowie die unzureichende Einbeziehung und Führung standortverteilter Teams als größte Hindernisse heraus, Abbildung 1.2 (Staufen 2017).

Dieser Leitfaden berücksichtigt die genannten Hindernisse und bietet Empfehlungen und Hintergrundinformationen zu deren Überwindung. In Tabelle 1.1 sind den einzelnen Hindernissen jeweils unterstützende Kapitel des Leitfadens gegenübergestellt.

Es ist offensichtlich, dass einige Hindernisse mit kulturellen oder sogenannten „Softfaktoren" in Verbindung stehen. In diesem Leitfaden setzen sich vor allem die Abschnitte zu den Erfolgsbausteinen – Arbeitsprinzipien, Rollenverständnis und Nachhaltigkeit – mit diesen Faktoren auseinander. In der Darstellung der Erfolgsbausteine (Abbildung 1.1) bilden diese Bausteine das Fundament des erfolgreichen Shopfloor-Managements.

Kulturelle oder „Softfaktoren" – die man auch als unsichtbare oder immaterielle Faktoren bezeichnen kann – werden in Veränderungsprojekten häufig unterschätzt. Vielen Verantwortlichen und Akteuren mangelt es an

Tab. 1.1 Bezug der Leitfadenkapitel zu Hindernissen für das Shopfloor-Management

Hindernis	Bezug zu Kapiteln des Leitfadens
mangelnde Unterstützung der Führungskraft	2.1 Wille des Managements 2.2 Budget-Bereitstellung – Zeit und Geld 3.2 Rollenverständnis
mangelnde Problemlösungskompetenz	3.7 Systematische Problemlösung
fehlende Transparenz der Daten und Kennzahlen	3.4 Kennzahlen
unzureichende Verfolgung der definierten Maßnahmen und Aufgaben	3.1 Arbeitsprinzipien 3.2 Rollenverständnis 3.6 Regelkommunikation
unzureichende Einbeziehung und Führung von standortverteilten Teams	3.1 Arbeitsprinzipien 3.2 Rollenverständnis 3.6 Regelkommunikation
fehlende stringente Einhaltung der Regelkommunikation	3.1 Arbeitsprinzipien 3.6 Regelkommunikation
mangelndes Reporting und Aggregation von Informationen	3.5 Visuelles Management

Wissen und Erfahrung im Umgang damit. Mehr Erfahrung und Sicherheit besitzen die meisten Akteure hingegen im Umgang mit „harten", materiellen oder sichtbaren Faktoren. Für die Einführung und Nutzung des Shopfloor-Managements müssen jedoch beide Seiten in ausgewogenem Maße berücksichtigt sein. Was dazu im Einzelfall konkret erforderlich ist, kann betriebsspezifisch sehr unterschiedlich sein.

Peters hat hierfür das Bild entwickelt, dass erfolgreiches Shopfloor-Management sowohl Elemente aus der „harten, materiellen und sichtbaren Welt" als auch aus der „weichen, immateriellen und unsichtbaren Welt" umfassen muss und beide Welten als Brücke miteinander verbindet, Abbildung 1.3.

Eine universelle Maßnahme gegen Hemmnisse aller Art besteht darin, Führungskräfte und Mitarbeiter immer wieder vom Nutzen des Shopfloor-Managements zu überzeugen – am besten durch regelmäßige kleine Erfolge und Verbesserungen. Ressourcen, die hierfür aufgewandt werden, sind immer eine nützliche Investition.

Parallel sind auch Konsequenz, Disziplin und Ausdauer wichtige Voraussetzungen, um gerade „immaterielle" Hemmnisse des Shopfloor-Managements zu überwinden. Verstöße gegen gemeinsam abgestimmte Regeln dürfen nicht einfach hingenommen werden. Die Konsequenzen von Verstößen sollten ebenso wie die Regeln gemeinsam vereinbart werden.

Abb. 1.3 Welten des Shopfloor-Managements (nach Peters 2017)

Ralph W. Conrad, Olaf Eisele, Frank Lennings

Vor der Einführung des Shopfloor-Managements müssen bestimmte Voraussetzungen erfüllt sein, um ein Scheitern zu vermeiden. Ebenso müssen während der Einführung bestimmte Schritte aus dem gleichen Grund unbedingt berücksichtigt werden. Geschäftsleitung und Management müssen dies sicherstellen (Abbildung 2.1).

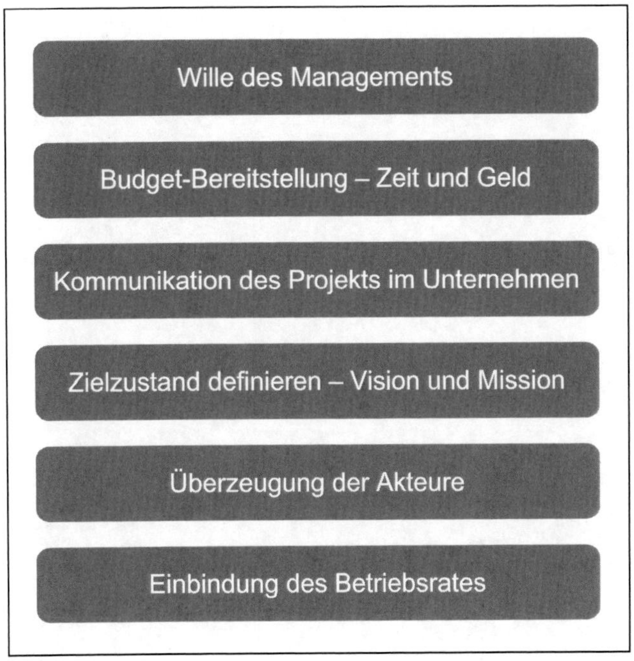

Abb. 2.1 Voraussetzungen für die Einführung des Shopfloor-Managements

2.1 Wille des Managements

Wesentlich für einen erfolgreichen Veränderungsprozess sind die Information und Qualifizierung der Mitarbeiter sowie die Prozessbetreuung seitens der Führungskräfte (Dörich und Gassner 2016). Zur Einführung des Shopfloor-Managements müssen Geschäftsleitung und Management von dessen Notwendigkeit und Nutzen überzeugt sein und zudem den festen Willen haben, die Einführung und Nutzung des Shopfloor-Managements voranzutreiben. Nur so können Durchgängigkeit und Integrität gesichert werden.

Die Geschäftsführung muss den Einführungsprozess persönlich begleiten und sollte auch danach immer wieder am Shopfloor-Management vor Ort teilnehmen, um ihr persönliches Interesse am Einsatz der Methode zu unterstreichen. Dabei muss die oberste Leitung deutlich zeigen, dass nicht nur Transparenz und die Verbesserung von Kennzahlen wichtig sind, sondern auch die wertschätzende Einbeziehung der Mitarbeiter und eine entsprechende Gestaltung und Umsetzung des Shopfloor-Managements durch die Führungskräfte vor Ort sowie der einbezogenen Bereiche.

Ähnlich wie bei anderen Lean-Management-Methoden, wie bspw. 5S, besteht auch beim Shopfloor-Management die Gefahr, dass Geschäftsführung und Führungskräfte es nicht stringent verfolgen, die Mitarbeiter in der Folge resignieren und die Methode letztlich scheitert. Beim Shopfloor-Management ist dieses Risiko besonders hoch, weil es die aktive Teilnahme und Mitarbeit der Mitarbeiter unbedingt erfordert.

2.2 Budget-Bereitstellung – Zeit und Geld

Der Geschäftsführung muss vor der Einführung klar sein, dass die Initiierung und Etablierung eines Shopfloor-Managements keine begrenzte „Einmalaktion" ohne Einsatz von Ressourcen und Geld ist, sondern insbesondere (Mitarbeiter-)Zeit benötigt, um ihre vollständige Wirkung zu entfalten. Zeit, die für den Einführungsprozess, aber auch die schrittweise Entwicklung gebraucht wird, damit die Mitarbeiter ihre eigenen Ideen ausprobieren und aus diesen Erfahrungen lernen können.

© Springer-Verlag GmbH Deutschland, ein Teil von Springer Nature 2019
R. W. Conrad et al., *Shopfloor-Management – Potenziale mit einfachen Mitteln erschließen*, ifaa-Edition, https://doi.org/10.1007/978-3-662-58490-3_2

2.3 Kommunikation des Projekts im Unternehmen

Alle Beteiligten im Unternehmen müssen bei der Einführung, Gestaltung und Umsetzung von Veränderungsprojekten den gleichen Kenntnisstand über Inhalt, Ziel und Zweck der durchzuführenden Maßnahmen haben. Andernfalls können Gerüchte und Spekulationen gefördert sowie Ängste verstärkt werden, die sogar Widerstand der Mitarbeiter gegenüber den Projekten hervorrufen können (Radloff et al. 2018).

Fehlende Information und Kommunikation der Mitarbeiter führt dazu, dass deren Kompetenzen nicht in den Veränderungsprozess einbezogen werden können und sie sich zudem ausgegrenzt und nicht wertgeschätzt fühlen. Dies sind keine günstigen Voraussetzungen, um das für ein erfolgreiches Shopfloor-Management erforderliche Engagement der Mitarbeiter zu fördern (Radloff et al. 2018).

2.4 Ziele definieren – Vision und Mission

Wie bei allen Maßnahmen zur Verbesserung im Unternehmen sollten auch bei der Einführung des Shopfloor-Managements die damit verbundenen Ziele von der Geschäftsführung eindeutig formuliert sein. Es ist wichtig und förderlich, dass alle Mitarbeiter betroffener Bereiche die Ziele nachvollziehen können und auch die Möglichkeit haben, sich in den Zielfindungs- und Einführungsprozess einbringen zu können. Dies schützt vor unnötigen Überraschungen und Störungen im Einführungsprozess aufgrund von Missverständnissen oder fehlender Akzeptanz.

2.5 Überzeugung der Akteure

Alle Beteiligten müssen Anlass und Ziele von Veränderungsprozessen kennen und sich damit identifizieren. Dafür sind zum Teil wiederholte Informations- und Gesprächsschleifen erforderlich, die auch seitens der Geschäftsleitung „ausgehalten" werden müssen. Veränderungsprozesse können nur dann unternehmensweit erfolgreich sein, wenn die Ziele der Geschäftsführung in der Führungskaskade sorgfältig vorbereitet und in alle Unternehmensbereiche „heruntergebrochen" werden (Dörich und Gassner 2016). Alle Beteiligten müssen die Vorteile der Ziele für das Unternehmen nachvollziehen und ihren eigenen Beitrag dazu erkennen können.

Nur wenn die Akteure von Nutzen und Möglichkeiten des Shopfloor-Managements überzeugt sind, werden sie sich einbringen und Engagement entwickeln. Das kann nur freiwillig, aus eigenem Antrieb erfolgen und nicht „angeordnet" werden (Polster 2016).

2.6 Einbeziehung des Betriebsrates

Die Geschäftsführung sollte den Betriebsrat von Beginn an in ihre Pläne einbeziehen und ihn – wie auch die beteiligten Akteure – informieren und überzeugen. Insbesondere der „Kennzahleneinsatz" darf bei den Mitarbeitern keine Verunsicherung oder Angst hervorrufen. Der Betriebsrat muss glaubhaft erkennen können, dass die Mitarbeiter nicht überwacht und kontrolliert werden sollen, sondern eine störungs- und verschwendungsarme Wertschöpfung gesichert werden soll. Der Betriebsrat sollte Fürsprecher und Multiplikator für die Verbreitung des Shopfloor-Managements werden.

Ralph W. Conrad, Olaf Eisele, Frank Lennings

In diesem Kapitel werden die in Abbildung 1.1 skizzierten Erfolgsbausteine ausführlicher dargestellt und beschrieben.

3.1 Arbeitsprinzipien

Die wesentlichen Arbeitsprinzipien des Shopfloor-Managements sind die Shopfloor-Orientierung und Prozessorientierung.

Shopfloor-Orientierung
Ein zentrales Prinzip von Lean-Produktionssystemen ist die konsequente Shopfloor-Orientierung („vor Ort gehen").

Dahinter steckt die Erkenntnis, dass die wahren Gegebenheiten und Probleme in einem Unternehmen nur am Ort der Wertschöpfung und nicht im Büro am Bildschirm erkannt werden können. Außerdem ist die Einbeziehung der Mitarbeiter als Experten vor Ort ein wesentlicher Erfolgsfaktor für die Realisierung von Verbesserungen (Abbildung 3.1).

In einem realen Produktionsumfeld, mit steigender Variantenvielfalt und sinkenden Losgrößen, in dem täglich auf sehr komplexe und häufig kurzfristige Einflüsse – ungeplanter Maschinenstillstand, fehlerhafte oder verspätete Teile von internen oder externen Lieferanten, Krankmeldungen, kurzfristige Kundenbedarfsänderungen etc. – reagiert werden muss, erweisen sich zentral organisierte,

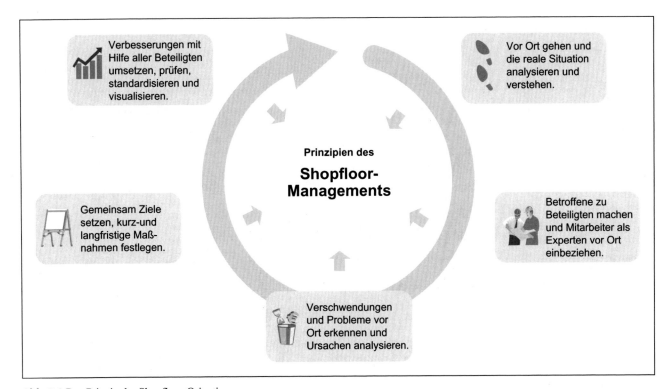

Abb. 3.1 Das Prinzip der Shopfloor-Orientierung

© Springer-Verlag GmbH Deutschland, ein Teil von Springer Nature 2019
R. W. Conrad et al., *Shopfloor-Management – Potenziale mit einfachen Mitteln erschließen*, ifaa-Edition, https://doi.org/10.1007/978-3-662-58490-3_3

8

arbeitsteilige Managementsysteme oft als zu träge und unflexibel. In schlanken Produktionssystemen werden deshalb zentrale Managementaufgaben an den Shopfloor verlagert, wo sie von regelmäßig agierenden Arbeitsgruppen bzw. bereichsübergreifenden Teams übernommen werden.

Shopfloor-Management ist ein wesentlicher Bestandteil Ganzheitlicher Produktionssysteme (GPS) nach Vorbild des Toyota-Produktionssystems. Langfristiges Ziel von GPS ist es, eine Organisation zu etablieren, die sich kontinuierlich selbst optimiert, ohne dass Verbesserungsaktivitäten top-down vorgegeben werden müssen. Erst wenn dieser Reifegrad erreicht ist, werden die vollen Potenziale von GPS ausgeschöpft und herausragende Erfolge bei Qualität, Produktivität, Lieferzeiten und damit Wettbewerbsfähigkeit und Wirtschaftlichkeit von Unternehmen erreicht. Shopfloor-Management trägt wesentlich dazu bei, weil es jeden Mitarbeiter täglich in Verantwortung und in Verbesserungsaktivitäten einbezieht.

Prozessorientierung
Das zweite wesentliche Prinzip des Shopfloor-Managements ist die Prozessorientierung. Die Verbesserungsarbeit erreicht oft schnell die Grenzen dessen, was ein Bereich allein erkennen und umsetzen kann. Dann ist die Unterstützung vor- und nachgelagerter Bereiche im Sinne einer prozessorientierten Verbesserung erforderlich. Im Shopfloor-Management sind auch diese Bereiche in die tägliche Regelkommunikation und Zusammenarbeit einbezogen und unterstützen die Arbeit an gemeinsamen Lösungen. Schnittstellenmanagement ist fester Bestandteile des

täglichen Shopfloor-Managements. Im Vordergrund steht das Verständnis, dass alle Bereiche – unabhängig von ihren spezifischen Interessen – in erster Linie zur reibungslosen, effizienten und kundenorientierten Wertschöpfung des Unternehmens beitragen müssen. Im Sinne des Unternehmens müssen dabei alle gemeinsam an einem Strang und in die gleiche Richtung ziehen. Wie in Abbildung 3.2 dargestellt, wird dabei das funktionsorientierte Abteilungsdenken durch eine prozessorientierte Teamarbeit ersetzt.

Die Umsetzung der beschriebenen Arbeitsprinzipien bedeutet für viele Unternehmen und Führungskräfte einen Paradigmenwechsel, der nicht unterschätzt werden sollte. Die Akteure müssen sich an Transparenz und die tägliche, bewusste Auseinandersetzung mit Abweichungen und Defiziten gewöhnen. Für viele ist es ungewohnt, dass nicht Rechtfertigung und die Suche nach „Schuldigen", sondern die gemeinsame Suche nach Lösungen im Vordergrund steht. Das Gleiche gilt für die Geschwindigkeit und Verbindlichkeit, mit der Maßnahmen umgesetzt werden. Sofortmaßnahmen werden in der Regel bis zum nächsten Tag umgesetzt.

Auch die offene Zusammenarbeit zwischen verschiedenen Bereichen muss sich häufig erst schrittweise entwickeln. Manchmal bestimmen fehlendes Vertrauen, althergebrachte Vorurteile und Rivalitäten die Stimmung und Atmosphäre. Diese Relikte müssen dann erst überwunden werden. Das geht nicht per Anordnung, sondern nur durch schrittweise Entwicklung und positive Erfahrungen. Die Paradigmenwechsel können also vielfältige Änderungen sowie weitreichendes Lernen der gesamten Organisation erfordern.

Abb. 3.2 Das Prinzip der Prozessorientierung (Abbildung in Anlehnung an Ehrlenspiel 1995)

Daraus ergeben sich Risiken für die erfolgreiche Einführung des Shopfloor-Managements und dessen Akzeptanz bei Mitarbeitern und Führungskräften. Deshalb müssen Geschäftsführung und Arbeitnehmervertreter unbedingt von Notwendigkeit und Vorteilen des Shopfloor-Managements überzeugt sein und dessen Umsetzung fordern und treiben.

3.2   Rollenverständnis

Erfolgreiches Shopfloor-Management erfordert i. d. R. von Führungskräften und Mitarbeitern ein neues, verändertes Verständnis – sowohl der eigenen Rolle als auch der Rolle des jeweils anderen.

Eine der wichtigsten Voraussetzungen für nachhaltig erfolgreiches Shopfloor-Management ist, dass die Mitarbeiter sich freiwillig und engagiert in die beschriebenen Arbeitsschritte bei der Vorbereitung und Durchführung des Shopfloor-Managements einbringen. Ein Shopfloor-Management, das die Mitarbeiter allein und eigenverantwortlich betreiben, ist somit eine Vision, die für Unternehmen und Mitarbeiter Vorteile bietet. Auch wenn diese Vision unerreichbar scheint, müssen Führungskräfte dennoch täglich darauf hinwirken, die aktuelle betriebliche Situation schrittweise immer wieder ein kleines Stück weiter der Vision anzunähern. Die Bereitschaft, in diesem Sinne zu arbeiten, beschreibt zusammenfassend am besten das Selbstverständnis, das Führungskräfte in das Shopfloor-Management einbringen sollten. Sie müssen die Mitarbeiter unterstützen, fördern und fordern unter Berücksichtigung der aktuellen Möglichkeiten und Rahmenbedingungen, die sehr unterschiedlich sein können. Dabei sollte es das Ziel der Führungskräfte sein, sich bewusst so weit wie möglich zurückzuziehen und loszulassen.

Trotzdem oder gerade deswegen erfordert das Shopfloor-Management die häufige, regelmäßige und aktive (!) Anwesenheit der Führungskräfte vor Ort. Dabei sind nicht nur Meister oder Teamleiter gefordert. Auch Geschäftsführer und Produktions- bzw. Bereichsleiter aus dem Management sollten sich dem Shopfloor-Management nicht entziehen.

Die Führungskultur bestimmt maßgeblich den Erfolg aller Aktivitäten im Shopfloor-Management sowie deren Akzeptanz durch die Mitarbeiter. Die eingesetzten Werkzeuge und Methoden sind wichtig, aber ihre Anwendung im Alltag muss von den Führungskräften gefordert und täglich unterschwellig gefördert werden. Führungskräfte müssen die Methoden selbst nutzen und erklären können sowie die Mitarbeiter zur täglichen Nutzung ermuntern und sie dabei unterstützen.

„Coachen und befähigen statt anweisen und belehren" lautet zusammengefasst das Motto. Führungskräfte müssen die Mitarbeiter befähigen, Probleme so weit als möglich eigenständig zu lösen. Hierzu ist es wichtig,

- dass Mitarbeiter und Führungskräfte „an einem Strang ziehen", d. h. die Führungskraft mit gutem Beispiel vorangeht,
- dass Standards (wie etwa das Lösen von Problemen mittels A3-Problemlöseblatt) entwickelt und gelebt werden,
- dass gegenseitiges Vertrauen geschaffen wird (Shopfloor-Management dient nicht der Kontrolle der Mitarbeiter!),
- dass Führungskräfte sich in Shopfloor-Management-Treffen konstruktiv, sachlich und fördernd einbringen und auch Ziele vereinbaren,
- zu erkennen, dass Führungskräfte nicht die Lösung für ein Problem vorgeben sollten, sondern ihren Mitarbeitern das Handwerkszeug zur Problemlösung vermitteln und Hilfestellung bei der Prozessverbesserung geben sollten,
- dass Führungskräfte in regelmäßigen Mitarbeitergesprächen die Leistung des Mitarbeiters wertschätzen und entwicklungsförderndes Feedback geben und
- dass Führungskräfte auch bereit sind, den Mitarbeitern Zeit und Freiräume zur Verfügung zu stellen und gute Rahmenbedingungen zu schaffen.

Dazu müssen viele Führungskräfte ihr bisheriges Denken und Handeln verändern bzw. erweitern. Für viele, selbst sehr erfahrene Führungskräfte ist es eine große Herausforderung, Zuständigkeiten vertrauensvoll abzugeben. Sie brauchen „persönliche Klarheit" über Sinn, Zweck und Funktion des Shopfloor-Managements, auch über den zu erwartenden Nutzen. Nur durch ein begründetes Vertrauen in das Konzept wird die Entwicklung von Shopfloor-Management von den Führungskräften konsequent gefördert und gefordert – auch bei Rückschlägen. Bei der Gestaltung und Weiterentwicklung des Shopfloor-Managements sollten den Führungskräften auch entsprechend Freiräume eingeräumt werden, welche durch festgelegte „Leitplanken" begrenzt sind.

Auch wenn Überzeugung und Bereitschaft der Führungskräfte sichergestellt sind, können in Anbetracht der vielen beschriebenen neuen Anforderungen und Aufgaben Sensibilisierungen und Qualifizierungen erforderlich sein, um die erforderlichen Kompetenzen zu entwickeln. Führungskräfte, die ihre Rolle nicht ausfüllen können oder wollen, gefährden die Einführung und Nutzung des Shopfloor-Managements ganz erheblich.

Nicht nur die Führungskräfte sind verantwortlich für die Initiierung und Weiterentwicklung des Shopfloor-Managements. Auch die Mitarbeiter müssen vielfach zunächst ein Verständnis für ihre neue Rolle entwickeln. Dafür, dass sie eigenverantwortlich handeln können und dürfen und ihnen Freiräume zur Verfügung stehen, die sie nutzen sollen. Das Verhalten jedes einzelnen Mitarbeiters, d. h. von jedem Beteiligten im Shopfloor-Management, trägt zum Erfolg bei. Die entwickelten und vereinbarten Regeln im Shopfloor-Management müssen auch von den Mitarbeitern eingehalten werden.

Zudem müssen auch die Mitarbeiter oft lernen, im eigenen Bereich vertrauensvoll zu kooperieren, Bereichsdenken zu überwinden und andere Bereiche im Interesse des externen Kunden und des Gesamtunternehmens schnell, unbürokratisch und mit hohem Engagement zu unterstützen. Dafür müssen gelegentlich tradierte Differenzen und Abneigungen gegenüber anderen Bereichen überwunden werden.

3.3   Nachhaltigkeit

Die Nachhaltigkeit ist der anspruchsvollste Erfolgsbaustein. Ein nachhaltiges Shopfloor-Management bleibt nach seiner Einführung nicht nur stabil bestehen, sondern entwickelt sich gemeinsam mit dem Unternehmen weiter und unterstützt dessen Anpassung an veränderte Anforderungen und Rahmenbedingungen. Voraussetzungen und Empfehlungen zur Sicherung der Stabilität des Shopfloor-Managements sind in Kapitel zwei sowie in den einzelnen Abschnitten dieses Kapitels und Kapitel 5.2 ausführlich dargestellt.

Das Shopfloor-Management sollte in regelmäßigen Abständen hinsichtlich seiner verschiedenen Merkmale bewertet werden. Unterstützung bietet dabei die „Auditcheckliste Shopfloor-Management", Anlage 6 dieses Leitfadens. Offenbaren sich dabei wiederholt besondere Schwächen, sollten insbesondere die Führungskräfte des Unternehmens die Gesamtsituation offen und selbstkritisch reflektieren. In der Regel lassen sich dauerhafte Defizite auf mangelndes „Wissen", „Können", „Wollen", „Dürfen", „Sollen" von Topmanagement, Führungskräften und/oder Mitarbeitern oder auf mangelndes „Ändern" (fehlende Anpassung von Zielen, Methoden, Regeln) des Shopfloor-Managementsystems zurückführen. Dazu kann u. a. die „Checkliste Ursachen fehlender Nachhaltigkeit" genutzt werden, Anlage 7 dieses Leitfadens.

Ist Stabilität erreicht, kann sich das Shopfloor-Management kontinuierlich weiter über das gesamte Unternehmen ausbreiten. Außerdem müssen die Inhalte und Ziele des Shopfloor-Managements jederzeit die aktuellen

inneren und äußeren Rahmenbedingungen des Unternehmens berücksichtigen.

Ausbreitung über das gesamte Unternehmen
Um schnell sichtbare Erfolge zu erleben, sollte das Shopfloor-Management zunächst in klar definierten Pilotbereichen mit konkreten Zielen eingeführt werden. Pilotbereiche sollten sorgsam gewählt werden, weil sie über die Zukunft des Shopfloor-Managements im Unternehmen entscheiden. Ein Scheitern im Pilotbereich bedeutet i. d. R. das Ende der gesamten Initiative. Ist Shopfloor-Management hingegen im Pilotbereich erfolgreich etabliert, kann es „Leuchtkraft" über den jeweiligen Bereich hinaus entfalten und so andere Abteilungen neugierig machen und inspirieren. In den Pilotunternehmen war mehrfach festzustellen, dass sich andere Unternehmensbereiche nach einiger Zeit für das Shopfloor-Management interessierten. Sie wollten daraufhin in bestehende Shopfloor-Management-Runden integriert werden oder haben Ansätze für ihr eigenes Shopfloor-Management entwickelt. So können schrittweise weitere Bereiche und Abteilungen in das Shopfloor-Management und die Kaskade der täglichen Treffen integriert werden. Langfristig wachsen so die unternehmensinterne Zusammenarbeit, das Schnittstellenmanagement sowie das bereichsübergreifende gegenseitige Verständnis.

Dabei ist zu beachten, dass die beschriebenen Vorteile und Möglichkeiten des Shopfloor-Managements auch in administrativen oder indirekten Bereichen nutzbar sind. Es sollte Ziel des Unternehmens sein, Prinzipien und Praxis des Shopfloor-Managements auch dort zu installieren und wirksam werden zu lassen.

Inhalte und Ziele des Shopfloor-Managements den aktuellen inneren und äußeren Bedingungen des Unternehmens anpassen
In der Regel stellen sich nach einer Weile des aktiven Shopfloor-Managements sichtbare Erfolge ein. Kennzahlen wie bspw. die interne oder externe Liefertreue verbessern sich. Am Shopfloor-Management-Board werden Kennzahlen immer öfter und nachhaltiger „grün". Wenn dieser Zustand längere Zeit stabil bleibt, ist das zunächst natürlich Anlass zur Freude. Es ist aber auch Zeichen dafür, dass es an der Zeit ist, den Fokus bzw. Ziele des Shopfloor-Managements neu zu justieren und zu „ändern". Es gilt nun auf „höherem Niveau" Potenziale zu erkennen und Verbesserungen zu erzielen. Wenn bspw. die Hälfte der Lieferverzögerungen durch mangelnde Termintreue von Lieferanten verursacht wird, ist es sinnvoll, zunächst diese in den Blick zu nehmen. Wenn dazu jedoch Stabilität erreicht ist, sollten die nächstgrößeren Probleme fokussiert werden.

Die Liste der Probleme eines Unternehmens, die im Shopfloor-Management zu berücksichtigen sind, ist nicht statisch. Sie ändert sich kontinuierlich mit den inneren und äußeren Bedingungen des Unternehmens. Die Akteure des Shopfloor-Managements müssen die aktuellen Entwicklungen verfolgen und stets sicherstellen, dass Inhalte und Ziele des Shopfloor-Managements auf die aktuelle Situation des Unternehmens ausgerichtet sind.

3.4   Kennzahlen

Definition und Zweck von Kennzahlen

Eine betriebliche Kennzahl ist eine Maßzahl zur quantitativen Messung relevanter Merkmale von eingesetzten Ressourcen (Mensch, Maschine, Material, Information), Leistungserstellungsprozessen (Arbeitsdurchführung) oder deren Ergebnissen (Produkte, Dienstleistung, Information). Wie in Abbildung 3.3 dargestellt, sollen Kennzahlen reale Prozesse einfach und übersichtlich abbilden.

Kennzahlen verdichten Sachverhalte oder Zusammenhänge in Form von absoluten Zahlen (bspw. Anzahl der Unfälle) oder Verhältniszahlen (bspw. Unfälle pro 1 Mio. Arbeitsstunden).

Kennzahlen haben immer einen Zeitbezug. Sie können sich auf einen Zeitpunkt (Reklamationen am 01.07.2018) oder auf einen Zeitraum (Reklamationen im Juni 2018) beziehen. Darüber hinaus haben Kennzahlen einen organisatorischen Bezug. Sie können sich z. B. auf eine Abteilung (Anzahl Arbeitsunfälle in der Montagelinie), Bereich (Arbeitsunfälle im Vertrieb), das gesamte Unternehmen oder auf eine Branche (mittlere Arbeitsunfallquote in der Metallindustrie) beziehen.

Der Zweck betrieblicher Kennzahlen ist die effiziente Steuerung und Überwachung eines Unternehmens und seiner Leistungserstellungsprozesse im Hinblick auf definierte Unternehmensziele. Kennzahlen müssen dafür so gewählt werden, dass sie eine effiziente Kommunikation zur Zielerreichung auf der Basis von Zahlen, Daten und Fakten sowie die kontinuierliche Verbesserung unterstützen. Kennzahlen sollen eine gemeinsame Kommunikationsbasis sowie Orientierung über Ist- und Soll-Zustände schaffen, Handlungsbedarfe aufzeigen und die Erfolgskontrolle eingeleiteter Verbesserungsmaßnahmen ermöglichen:

• Gemeinsame Kommunikationsbasis:	Worüber reden wir?
• Ist-Zustand erfassen:	Wo stehen wir?
• Soll-Zustand und Ziele darstellen:	Wo wollen wir hin?
• Handlungsbedarfe erkennen:	Wo müssen wir verbessern?
• Maßnahmen ableiten:	Was müssen wir tun?
• Erfolgskontrolle:	Sind Maßnahmen erfolgreich?

Anforderungen an Kennzahlen

Für eine erfolgreiche praktische Anwendung müssen Kennzahlen bestimmte Anforderungen bzw. „ZIELE" erfüllen:

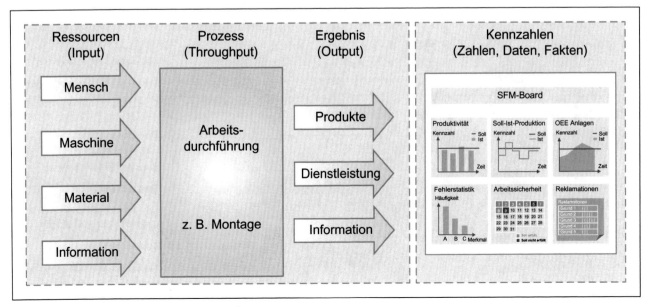

Abb. 3.3 Kennzahlen betrieblicher Leistungserstellung

Zielorientiert:	in Zusammenhang mit Unternehmenszielen.
In time:	in angemessener Zeit verfügbar und aktuell.
Eindeutig:	eindeutig in ihrer Definition und Aussage.
Leistungs-beeinflussbar:	durch Leistung der Betroffenen beeinflussbar.
Einfach:	einfach zu ermitteln/messen und zu verstehen.

Zur ersten Anforderung ist zu prüfen, ob die Kennzahl mit den Zielen des Unternehmens überhaupt in Verbindung steht. Die Ermittlung, Auswertung, Visualisierung und Kommunikation von Kennzahlen, die diese Anforderung nicht erfüllen, wäre Verschwendung.

Die zweite Anforderung sichert, dass Kennzahlen zur richtigen Zeit (just in time) bereitgestellt werden. Kennzahlen, die zu spät verfügbar sind, erlauben keine zielorientierte Steuerung. Im ungünstigsten Fall dienen sie nur noch der „Vergangenheitsbewältigung" und führen zu kontraproduktiven Schuldzuweisungen.

Damit Kennzahlen nicht unterschiedlich ermittelt, berechnet oder interpretiert werden, müssen sie eindeutig definiert und die verwendeten Datenquellen sowie die Art der Datenerhebung und -verarbeitung definiert und nachvollziehbar sein. Hierdurch wird vermieden, dass unterschiedliche Zahlen zu unnötigen Diskussionen oder Glaubwürdigkeitsverlust einer Kennzahl führen.

Die Beeinflussbarkeit einer Kennzahl durch die eigene Leistung ist Grundvoraussetzung für die effiziente Nutzung von Kennzahlen im Shopfloor-Management. Kennzahlen, die nicht beeinflussbar sind, können zwar informativ und interessant sein, unterstützen jedoch die Teilnehmer des Shopfloor-Managements nicht direkt bei der Steuerung von Zielerreichung und Störungsbekämpfung.

Für eine effiziente Arbeit mit Kennzahlen sollten diese möglichst einfach ermittelt und gemessen werden können. Für die Anwender sollten Kennzahlen zudem einfach verständlich und nachvollziehbar sein. Im Optimalfall lassen sich die Kennzahlen durch die Betroffenen selbst und vor Ort bei der täglichen Arbeit erfassen. Dies fördert die Identifizierung mit den Kennzahlen und die Akzeptanz. Für die Arbeit mit Kennzahlen im Rahmen eines Shopfloor-Managements gilt deshalb die Regel „Folienstift statt PowerPoint und SAP". Die Arbeit mit Kennzahlen soll vor allem helfen, Abweichungen schnell und einfach zu erkennen. Hierzu sind einfache und prägnant aufbereitete Zahlen ausreichend.

Ziel- und Kennzahlensystematik
Kennzahlen dienen als Instrument zur Steuerung und Überwachung der Zielerreichung in einem Unternehmen. Erfolgreiche Unternehmen messen ihren Erfolg anhand einer ausgewogenen Zusammenstellung von Erfolgskriterien und dafür definierten Zielen (REFA 2016).

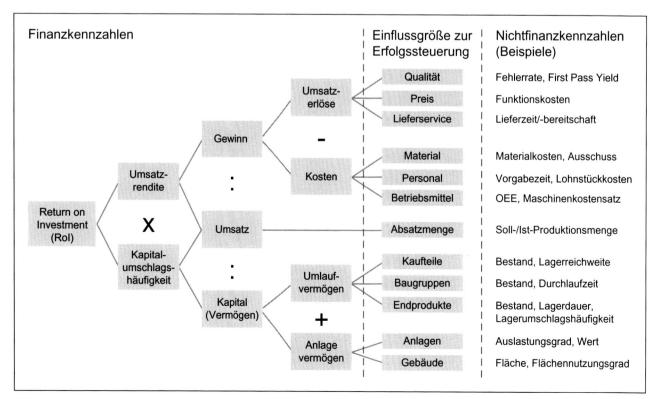

Abb. 3.4 Zusammenhang von Finanz- und Nichtfinanzkennzahlen (eigene Darstellung in Anlehnung an Coenenberg 1997)

Zur Existenzsicherung ist die Wirtschaftlichkeit eines Unternehmens von entscheidender Bedeutung. Nach Taiichi Ohno ist die Erhöhung der Wirtschaftlichkeit durch konsequente Beseitigung jeglicher Verschwendung das wichtigste Ziel des Toyota-Produktionssystems (Ohno 1993).

Im Hinblick auf Wirtschaftlichkeit sind in privatwirtschaftlichen Unternehmen in jedem Fall Mindestziele (Liquidität, Rentabilität, Produktivität) zum Überleben der Organisation zu erreichen und über entsprechende Kennzahlen die Zielerreichung zu überwachen und zu steuern.

Aus den wichtigsten übergeordneten betriebswirtschaftlichen Finanzkennzahlen sind hierzu Ziele und Kennzahlen hierarchisch für einzelne Organisationsbereiche, Abteilungen bis zum einzelnen Mitarbeiter abzuleiten. Anregungen hierzu zeigt Abbildung 3.4.

Unternehmen agieren dann besonders erfolgreich, wenn sie eine Vision und eine strategische Orientierung haben, alle Unternehmensbereiche einheitlich und konsequent auf übergeordnete Unternehmensziele ausgerichtet sind und jeder Mitarbeiter seinen Beitrag zu den übergeordneten Zielen kennt (REFA 2016). Hierzu gilt es, Ziele und Kennzahlen zu definieren, die für die Mitarbeiter in den einzelnen Bereichen einen direkten Bezug zu ihrer täglichen Arbeit haben, akzeptiert werden und einen Einfluss auf übergeordnete Ziele und Kennzahlen haben (siehe Abschnitt Anforderungen an Kennzahlen). Zur einheitlichen Ausrichtung aller Bereiche und Mitarbeiter auf die übergeordneten Ziele des Unternehmens sind Ziele und Kennzahlen, wie in Abbildung 3.5 dargestellt, in einer Hierarchie logisch miteinander zu verbinden.

Auswahl von Kennzahlen

Für betriebliche Prozesse existieren eine Vielzahl von Kennzahlen, die sich nach den folgenden Ordnungskriterien systematisieren lassen:

- Zielgröße (Qualität, Kosten, Lieferservice, Sicherheit, Personal)
- Prozessfaktor (Mitarbeiter, Betriebsmittel, Material, Produkte, Information)
- Prozess/Prozesseinheit (Einkauf, F&E, Logistik, Produktion, Controlling ...)

Damit lassen sich passende Kennzahlen für eine konkrete Zielsetzung in Bezug auf einen definierten Prozess sowie Prozessfaktor auswählen. Eine mögliche Kombination von Ordnungskriterien wäre z. B. eine Qualitätskennzahl für Material im Einkauf.

Die Auswahl von Kennzahlen für das Shopfloor-Management richtet sich nach den konkreten aktuellen Zielen und Problemen des jeweiligen Bereiches. Diese können sich

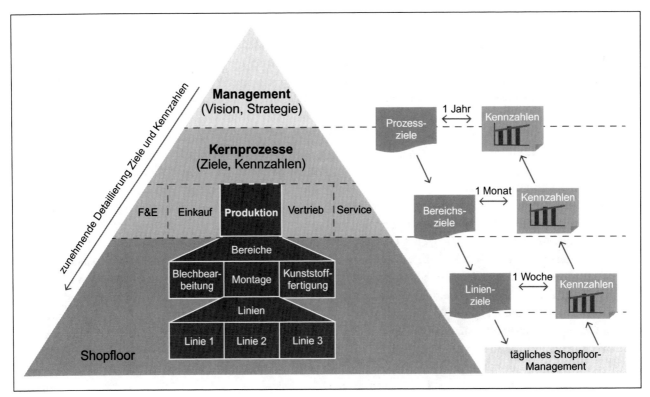

Abb. 3.5 Ziel-Kennzahlen-Hierarchie

im Zeitablauf ändern, dann müssen die Akteure auch die Kennzahlen ändern. Wenn bspw. heute die Materialverfügbarkeit eines internen Vorlieferanten das Hauptproblem für einen Montagebereich darstellt, ist die Erfassung und Visualisierung einer Kennzahl zur termin- und mengengerechten Materialbereitstellung durch den Vorlieferanten eine sinnvolle Kennzahl. Ist dieses Problem nachhaltig behoben, kann auch die Kennzahl entfallen und durch eine andere, für aktuelle Verbesserungsaktivitäten sinnvollere, ersetzt werden. Kennzahlen sind kein fixer Standard, sondern im Sinne des kontinuierlichen Verbesserungsprozesses nur so lange gültig, bis ein besserer Standard sinnvoll wird.

Die Beteiligten sollten mithilfe der gewählten Kennzahlen im Shopfloor-Management folgende Fragen beantworten können (Kostka und Kostka 2011):

- Welche Ziele bzw. welchen Auftrag hat das Team?
- Gibt es Abweichungen zwischen Ist- und Soll-Zustand?
- Gibt es Probleme bei aktuell laufenden Prozessen?
- Wie wirksam sind die umgesetzten Verbesserungsmaßnahmen?

Wird die Arbeit mit Kennzahlen neu etabliert, können bei Mitarbeitern und Arbeitnehmervertretern Bedenken entstehen, dass diese zur Leistungs- und Verhaltenskontrolle genutzt werden. Das Ziel der Kennzahlennutzung im Shopfloor-Management ist jedoch, Probleme aufzudecken und kontinuierliche Verbesserungen zu ermöglichen. Es bedarf deshalb der ausführlichen Information und Abstimmung darüber, zu welchem Zweck, wie und durch wen die gewählten Kennzahlen erhoben werden sowie auf welche Weise mit diesen Kennzahlen gearbeitet werden soll. Die Mitarbeiter müssen verstehen, dass Kennzahlen auch für sie von Nutzen sind und bspw. dazu beitragen, Ärgernisse und Belastungen im Alltag sichtbar zu machen und zu mindern oder Sicherheit und Ergonomie zu verbessern.

Ausgewogener Kennzahlen-Mix
Maßnahmen zur Zielerreichung können auf verschiedene Ziele gegenläufig wirken. Man spricht deshalb zum Beispiel von dem „magischen Dreieck" der Zielgrößen Qualität, Kosten und Lieferzeit. Bei einseitiger Fokussierung auf eine dieser Zielgrößen können Aktivitäten forciert werden, die für den ganzheitlichen Unternehmenserfolg nachteilig sind.

Wird die Einkaufsabteilung zum Beispiel nur an den Kosten für das zu beschaffende Material gemessen, werden die Einkaufsmitarbeiter alles daransetzen, möglichst günstiges Material einzukaufen. Wird hierbei nicht auf die Qualität des eingekauften Materials und Lieferzeiten sowie Lieferzuverlässigkeit des Lieferanten geachtet, kann dies

gravierende Folgen für andere Unternehmensprozesse und die Gesamtwirtschaftlichkeit des Unternehmens haben. Die Kosten für Produktionsstillstände und Lieferengpässe aufgrund von fehlendem Material oder die Kosten für Mehr- und Nacharbeit in der Produktion bis hin zu Reklamationen und Feldausfällen bei Kunden durch schlechte Qualität günstig eingekaufter Teile können um ein Vielfaches höher sein als die Einsparungen im Einkauf.

Deshalb haben sich Systeme aus mehreren Kennzahlen bewährt, welche die wichtigsten Zielgrößen Qualität, Kosten/Produktivität, Lieferservice, Sicherheit und Personal parallel berücksichtigen. Empfehlenswert ist es, zu jeder Zieldimension mindestens eine Kennzahl für jeden Prozess bzw. jede Organisationseinheit zu definieren. Hierdurch werden alle Akteure sensibilisiert, sich nicht einseitig zu fokussieren und andere wichtige Einflüsse und Auswirkungen nicht unbeachtet zu lassen. Um Überinformation, Unübersichtlichkeit sowie mangelnde Konzentration der Aktivitäten auf das Wesentliche zu vermeiden, sollte die Anzahl der Kennzahlen beschränkt werden. Praktische Empfehlung sind somit 5 bis 10 Kennzahlen pro Bereich. Im Zweifelsfall ist zu diskutieren, welchen Nutzen eine zusätzliche Kennzahl tatsächlich bringt bzw. welche Information ohne diese Kennzahl fehlt.

3.5   Visuelles Management

Definition und Zweck von visuellem Management
Visuelles Management unterstützt das Steuern und Überwachen von betrieblichen Prozessen mithilfe der Besonderheiten der visuellen Wahrnehmung des Menschen. Das Auge ist das menschliche Sinnesorgan mit der höchsten Leistung. 83 % aller Informationen nehmen Menschen mit den Augen wahr (Florack et al. 2012). Visuelle Informationen werden vom Menschen schneller aufgenommen und besser gespeichert als andere. Eine Studie zum Lernerfolg ergab, dass sich Teilnehmer drei Tage nach der Informationsaufnahme an 10 % bis 20 % der gehörten oder gelesenen Informationen, aber an 65 % der visuell wahrgenommen Informationen erinnern konnten (Cruz 2017).

Visuelle Informationen können insbesondere durch farbliche Gestaltung und die Nutzung von Symbolen sehr effizient vermittelt werden. Beispiele hierfür sind Verkehrs- oder Gefahrenschilder.

Die hohe Leistungsfähigkeit des menschlichen Auges und visueller Wahrnehmung nutzt man bereits seit langer Zeit für die Regelung von Arbeitsabläufen. Maschinenarbeitsplätze werden deshalb bspw. sehr häufig mit visuellen/ optischen Signalen und Anzeigen realisiert. Bei aller

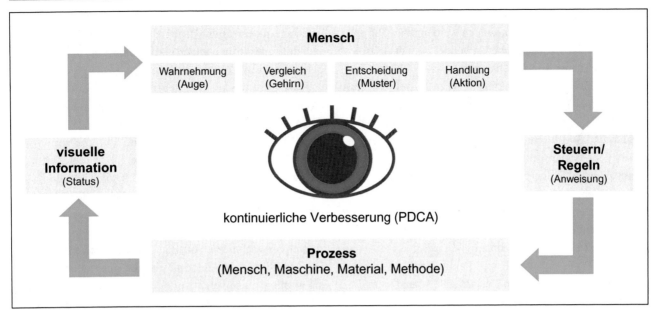

Abb. 3.6 Visuelles Management im Regelkreis der Arbeit

Vielfalt der Rahmenbedingungen haben die meisten Regelkreise die Gemeinsamkeit, dass der Mensch dabei Statusinformationen visuell aufnimmt, im Gehirn vergleicht, eine Entscheidung über Handlungsbedarf trifft und – falls erforderlich – eine Handlung über Stellglieder ausübt. Einen solchen Regelkreis mit visueller Information zeigt Abbildung 3.6.

Dieses Prinzip lässt sich auch auf die Steuerung von Unternehmensprozessen übertragen. Toyota hat das „Steuern der Fabrik mit dem Auge" im Toyota-Produktionssystem als wichtiges Werkzeug zum schnellen und einfachen Erkennen und Eliminieren von Verschwendungen und Abweichungen vom Standard integriert und perfektioniert dieses kontinuierlich weiter (Ohno 1993).

Arten der Visualisierung
Visualisierung ist in den unterschiedlichsten Arten und Formen möglich. Bodenkennzeichnungen, Behälterkennzeichnungen, Farbgebung von Behältern oder Betriebsmitteln, Shadow-Boards, Maschinenanzeigen, Ampeln, Andon-Tafeln, Pareto-Tische oder Kennzahlendarstellungen an Informationstafeln sind nur einige Beispiele.

Zur Visualisierung werden grafische Darstellungen, Symbole und Farben verwendet. Innerhalb eines Betriebes sollten Darstellungen, Symbole und Farben nach einem einheitlichen Standard verwendet werden. Wenn im Montagebereich rote Behälter für Nacharbeitsteile verwendet und Materialstellflächen mit gelben Linien gekennzeichnet werden, sollte dies in anderen Bereichen nicht mit anderen Farben erfolgen. Ansonsten könnten Verwirrung

und Fehler durch bereichsübergreifend eingesetzte oder umbesetzte Mitarbeiter entstehen.

Visualisierung soll grundsätzlich einen Ist-Zustand mit einem Soll-Zustand vergleichbar machen, sodass Abweichungen und die Notwendigkeit von Korrekturmaßnahmen schnell erkannt werden. Der Unterschied zwischen Ist und Soll kann beispielsweise durch Farben (bspw. Ist = Soll = grün; bspw. Ist ≠ Soll = Abweichung = rot), geometrische Abstände (bspw. Abstand Ist-Linie von Soll-Linie), Flächenvergleich (bspw. gefüllte Bestandsfläche im Vergleich zu leerer Fläche), Mengenvergleich (bspw. Vergleich von Füllständen), Zahlenvergleich (Soll- und Ist-Zahl) oder Symbole (bspw. lachende oder weinende Gesichter) visualisiert sein. Beispiele hierzu zeigt Abbildung 3.7.

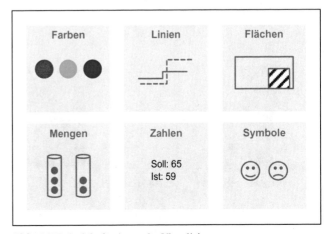

Abb. 3.7 Beispiele für Arten der Visualisierung

Visualisierung von Kennzahlen

Für die Darstellung von Kennzahlen werden sehr häufig Balken oder Liniendiagramme verwendet. Zur Visualisierung der zeitlichen Entwicklung werden die Soll- und die Ist-Kennzahlwerte (Y-Achse) im zeitlichen Ablauf (X-Achse) nach Stunden, Tagen, Wochen, Monaten oder Jahren eingetragen. Durch unterschiedliche farbliche Gestaltung von Ist- und Soll-Werten lassen sich Diagramme dabei visuell noch besser wahrnehmen. Für die Darstellung von Kennzahlen sollte ebenfalls ein betrieblicher Standard definiert werden, damit sich jeder Gesprächsteilnehmer, unabhängig vom Organisationsbereich, in Meetings vor Ort schnell orientieren kann und somit eine schnelle, eindeutige und effiziente Kommunikation möglich ist.

In der Praxis haben sich auch Pareto-Darstellungen bewährt. Diese ermöglichen eine schnelle Übersicht und Identifizierung von Prioritäten für Maßnahmen und Verbesserungsaktivitäten unter dem Nutzenaspekt.

Darüber hinaus werden in der Praxis auch Soll-Ist-Kalender zur einfachen Visualisierung der täglichen Zielerreichung eingesetzt. Ist das tägliche Soll (Ausbringung, Termineinhaltung, Fehlerfreiheit, Unfallfreiheit etc.) erreicht worden, wird das entsprechende Feld für den Tag grün markiert. Bei Abweichung wird das Tagesfeld dagegen rot markiert. Der Kalender kann dabei unterschiedliche Formen oder Buchstaben darstellen (Q für Qualität, Kreuz oder S für Arbeitssicherheit, L für Liefertermineinhaltung etc.).

Um Häufigkeiten einfach zu erfassen, bieten sich Strichlisten an, in denen mittels unterschiedlicher Felder für verschiedene Ausprägungen eine direkte Visualisierung der Häufigkeitsverteilung möglich ist.

Beispiele für die beschriebenen Visualisierungsmöglichkeiten von Kennzahlen sind in Abbildung 3.8 dargestellt.

Mitarbeiter in der Produktion sind oft nicht mit Datenverarbeitungsprogrammen, wie z. B. Excel, vertraut. Deshalb ist kritisch zu hinterfragen, ob solche Programme für die Visualisierung erforderlich sind und einen Vorteil bieten. Visualisierungen, welche die Mitarbeiter selbst von Hand pflegen, finden bei ihnen höhere Akzeptanz als solche, die von anderen oder automatisiert erstellt werden. Die Mitarbeiter betrachten sie als „ihr" Instrument, das sie selbst pflegen und verantworten. Hierzu können einmalig Blankovorlagen für das Shopfloor-Management erstellt werden, die dann mit Stiften auf Papier oder Folienstift auf laminierten Vorlagen vor Ort am Shopfloor täglich ausgefüllt werden. Auch der Einsatz von Magneten mit verschiedenen Farben oder Beschriftungen ist bspw. zur täglichen, einfachen Visualisierung von Anlagenverfügbarkeit, Auftragsprioritäten oder Besetzungsplänen möglich.

Im Anhang dieses Leitfadens sind beispielhaft Vorlagen dargestellt, die dem Leser als Anregung dienen sollen und bei Bedarf betriebs- und anforderungsgerecht angepasst werden können.

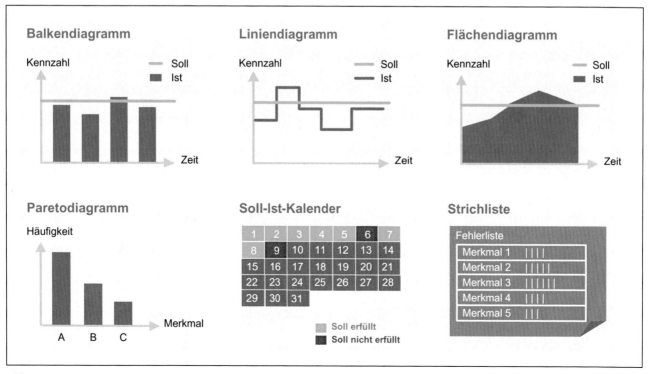

Abb. 3.8 Beispiele zur Visualisierung von Kennzahlen

SFM-Board

Qualität	Kosten	Logistik	Sicherheit	Personal
Beispiele: • Kundenreklamationen • Kundenzufriedenheit • Fertigungsfehler • Fertigungsausschuss • Materialfehler • Materialausschuss • First Pass Yield (FPY) • Qualitätsraten (%, PPM) • Mehr-/Nacharbeitszeit • Top-Qualitätsprobleme	**Beispiele:** • Soll-Ist-Kosten Bereich • Produktkosten • Auftragskosten • Materialkosten • Bestandskosten • Rüstkosten • Instandhaltungskosten • Fertigungsproduktivität • Anlageneffektivität (OEE) • Stillstandzeiten	**Beispiele:** • Soll-Ist-Produktionsmenge • Liefertermineinhaltung • Lieferzeit • Durchlaufzeit • Lieferbereitschaftsgrad • Fertigwarenbestände • Zwischenbestände • Materialbestände • Lagerreichweite (Material, Baugruppen, Produkte)	**Beispiele:** • Anzahl Arbeitsunfälle • 1 Mio. Stundenquote • Verbandbucheinträge • Gefährdungshinweise • Gefährdungsbeurteilung • Risikobewertungen • 5S-Niveau • Auditergebnisse	**Beispiele:** • Verbesserungsvorschläge • Anwesenheitsquote • Krankenquote • Mitarbeiterzufriedenheit • Überstunden • Weiterbildungsstunden • Anzahl Schulungen • Qualifikationsmatrix • Anzahl altersgerechter Arbeitsplätze

Kapazitäts-und Auftragssituation		Ziele & Maßnahmen (KVP)	
Beispiele: • Personalverfügbarkeit • Anlagenverfügbarkeit • Besetzungsplan • Schichtpläne • Auftragssituation	• Auftragsprioritäten • Produktionsplan • Kapazitätsauslastung • Auslastungsgrad • Verlustzeiten	**Beispiele:** • Tages-/Wochenziel • Top-Bereichsthema • Top-Probleme • Aktuelles	• KVP-Maßnahmenplan • Reinigungsplan • Ausbildungsplan • Workshop-Plan	• Problemlösungsblatt • Verbesserungen (vorher/nachher) • One-Point-Lesson

Abb. 3.9 Beispiele für Struktur und Inhalte eines SFM-Boards

Shopfloor-Management-Board

Im Shopfloor-Management werden die für einen Bereich ausgewählten und wichtigen Kennzahlen am sogenannten Shopfloor-Management-Board (SFM-Board) transparent visualisiert und in regelmäßigen Meetings mit einem definierten Teilnehmerkreis kommuniziert. Das SFM-Board ist das zentrale Kommunikationsinstrument des Shopfloor-Managements. Es enthält alle wichtigen Informationen übersichtlich auf einen Blick. Zweck der am SFM-Board visualisierten Kennzahlen ist die schnelle Erkennung der Ist-Situation und der Abweichungen von Zielen und Soll-Zuständen sowie sich daraus ergebenden Handlungsbedarfen und notwendigen Verbesserungsmaßnahmen. Neben den Kennzahlen sollte das SFM-Board deshalb auch Informationen zu geplanten oder laufenden Verbesserungsmaßnahmen sowie deren Status beinhalten, deren Wirksamkeit dann wiederum über die Kennzahlen überwacht werden kann. Darüber hinaus bietet es sich an, am SFM-Board für die tägliche Arbeit im Bereich wichtige Steuerungsinformationen aufzunehmen. Dies sind vor allem Informationen zur aktuellen Auftrags- und Kapazitätssituation des Bereiches. In Abbildung 3.9 sind mögliche Inhalte eines SFM-Boards mit Beispielen für Kennzahlen dargestellt.

Die detaillierte Gestaltung eines SFM-Boards muss immer unternehmens- und bereichsspezifisch erfolgen und wiederkehrend überprüft werden. Dabei sind folgende Fragen, am besten in Workshops, durch die Beteiligten zu beantworten:

1. Was sind die übergeordneten Unternehmensziele und welche Zielvorgaben gibt es hierzu?
2. Welche daraus abgeleiteten Bereichsziele und Zielvorgaben liegen vor?
3. Welche vom Bereich selbst beeinflussbaren Messgrößen oder Kennzahlen haben einen entscheidenden Einfluss auf die Zielerreichung?
4. Welche intern oder extern verursachten Hauptprobleme oder Einflussgrößen gibt es aktuell, die eine Erfüllung der Zielvorgaben für den Bereich erschweren oder behindern?
5. Welche Messgrößen oder Kennzahlen lassen sich einfach und zeitnah mit geringem Aufwand vor Ort erfassen und visualisieren und helfen wirklich beim SFM?
6. Gibt es darüber hinaus noch zusätzliche, bereichsspezifische Informationen, Messgrößen oder Kennzahlen, die für die tägliche Arbeit von besonderer Bedeutung sind und deshalb vor Ort erfasst und visualisiert werden sollten?

Ein Beispiel eines SFM-Boards, wie es in einem der Pilotunternehmen praktisch umgesetzt wurde, zeigt die Abbildung 3.10.

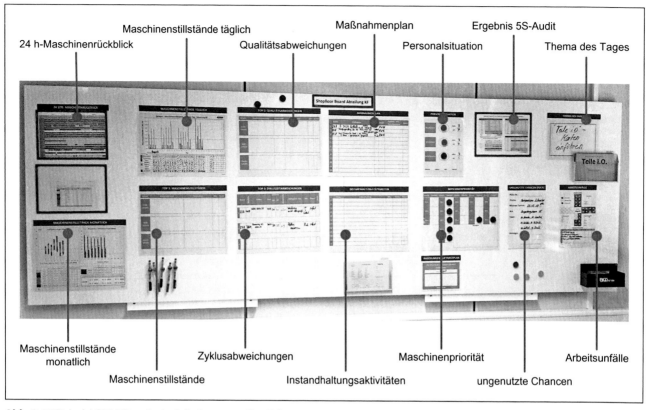

24 h-Maschinenrückblick

Maschinenstillstände täglich

Qualitätsabweichungen

Maßnahmenplan

Personalsituation

Ergebnis 5S-Audit

Thema des Tages

Maschinenstillstände monatlich

Zyklusabweichungen

Maschinenstillstände

Instandhaltungsaktivitäten

Maschinenpriorität

ungenutzte Chancen

Arbeitsunfälle

Abb. 3.10 Beispiel SFM-Board mit einfacher, manueller Erfassung und Visualisierung von Kennzahlen (eigene Aufnahme)

3.6 Regelkommunikation

Für den Erfolg des Shopfloor-Managements sind verbindliche Standards und Regeln unter den Beteiligten zu vereinbaren. Diese betreffen Ort, Zeitpunkt, Dauer, Inhalte und Ablauf der Shopfloor-Treffen sowie den Umgang miteinander. Die Shopfloor-Treffen sollten vor Ort, in Nähe des betroffenen Arbeitsbereiches, stattfinden. Hierdurch besteht die Möglichkeit, sich bei konkreten Fragen und Problemstellungen gemeinsam direkt im Arbeitsbereich ein Bild zu machen. Den Mitarbeitern wird zugleich Interesse an ihrem Arbeitsbereich und an Verbesserungen darin signalisiert.

Regeln festlegen
Zeitpunkt und Dauer sind unter Berücksichtigung der Randbedingungen und Arbeitsroutinen aller Beteiligten zu vereinbaren und dann verbindlich einzuhalten.

Für die täglichen Besprechungen gilt die Regel „15-Minuten-Management" statt „50-Minuten-Präsentation". Die Besprechungen sollten kurz und im Stehen (z. B. Stehtisch in der Nähe des Shopfloor-Management-Boards) abgehalten werden. Die jeweils verantwortlichen Mitarbeiter oder Linien- bzw. Bereichsverantwortlichen berichten kurz und strukturiert über die aktuelle Ist-Situation und

Handlungsbedarfe. Dann besteht die Möglichkeit direkt im Gespräch gemeinsam Maßnahmen, Verantwortliche und Termine festzulegen und Aktivitäten sofort einzuleiten. Das Gespräch sollte von einer geeigneten Person mit entsprechender Erfahrung geleitet bzw. moderiert werden.

Zur Einhaltung der Gesprächsdauer und für eine effiziente Gesprächsführung empfiehlt es sich Zeiten, Teilnehmer, Gesprächsinhalte und ggf. die dafür jeweils vorgesehene Dauer in einer standardisierten Meeting-Agenda schriftlich als Standard festzuhalten und am Ort des Treffens dauerhaft zu visualisieren. Abbildung 3.11 zeigt beispielhaft, wie eine Agenda für einen Montagebereich aussehen kann.

Für ein effizientes Shopfloor-Management ist eine offene Fehlerkultur wichtig. Von Bedeutung ist nicht die Klärung von „Schuldfragen", sondern die Auswirkungen von Fehlern zu mindern oder zu beseitigen sowie die Wiederholung von Fehlern und das Auftreten neuer Fehler möglichst zu verhindern. Fehler bieten die Möglichkeit, Verbesserungspotenziale aufzudecken und zu erschließen. Persönliche Schuldzuweisungen sind deshalb in den Treffen ein Tabu.

Im Shopfloor-Management ist zudem wichtig, dass die Diskussion in den Treffen nicht zu sehr ins Detail geht. Die Lösung von Problemen soll nicht in der Runde erfolgen,

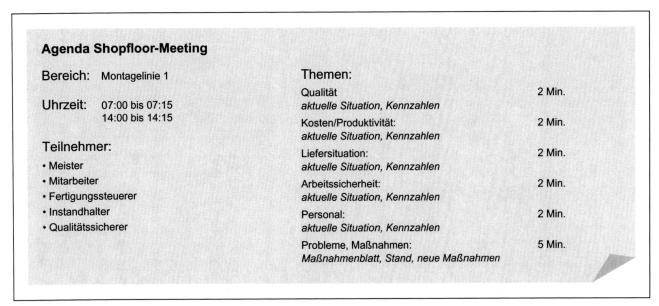

Agenda Shopfloor-Meeting

Bereich: Montagelinie 1

Uhrzeit: 07:00 bis 07:15
14:00 bis 14:15

Teilnehmer:
- Meister
- Mitarbeiter
- Fertigungssteuerer
- Instandhalter
- Qualitätssicherer

Themen:

Qualität 2 Min.
aktuelle Situation, Kennzahlen

Kosten/Produktivität: 2 Min.
aktuelle Situation, Kennzahlen

Liefersituation: 2 Min.
aktuelle Situation, Kennzahlen

Arbeitssicherheit: 2 Min.
aktuelle Situation, Kennzahlen

Personal: 2 Min.
aktuelle Situation, Kennzahlen

Probleme, Maßnahmen: 5 Min.
Maßnahmenblatt, Stand, neue Maßnahmen

Abb. 3.11 Beispiel für eine Shopfloor-Meeting Agenda

sondern nur Verantwortliche dafür benannt werden. Zur besseren Fokussierung kann die Anzahl der gleichzeitig in Bearbeitung befindlichen Probleme begrenzt werden.

Shopfloor-Management beschränkt sich nicht auf die täglichen Shopfloor-Treffen. Die eigentliche Arbeit findet zwischen diesen täglichen „Bestandsaufnahmen" statt.

Wesentliche Aufgaben und Arbeitsschritte während und zwischen den täglichen Treffen sind in Abbildung 3.12 dargestellt. Die Planung und Verfolgung längerfristiger

Maßnahmen im Rahmen der systematischen Problemlösung oder der Prüfung und Umsetzung von Verbesserungsvorschlägen ist i. d. R. nicht Gegenstand der täglichen Kurztreffen. Sie können in gleicher oder geänderter Zusammensetzung der Runde besprochen werden. Die Intervalle sind häufig jedoch nicht täglich, sondern bspw. wöchentlich oder monatlich. Auch für diese Treffen sind jedoch Regeln abzustimmen und einzuhalten. Auch separate Workshops können dazu stattfinden.

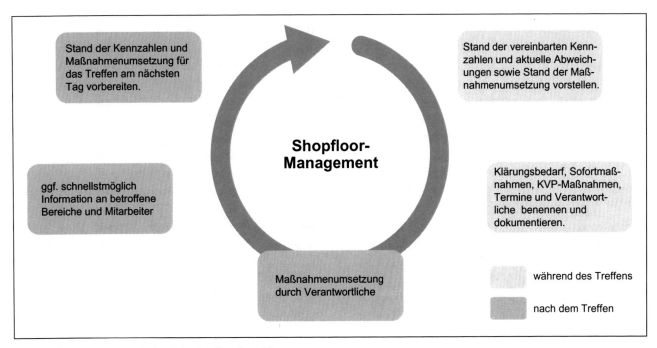

Abb. 3.12 Aufgaben und Arbeitsschritte im Shopfloor-Management

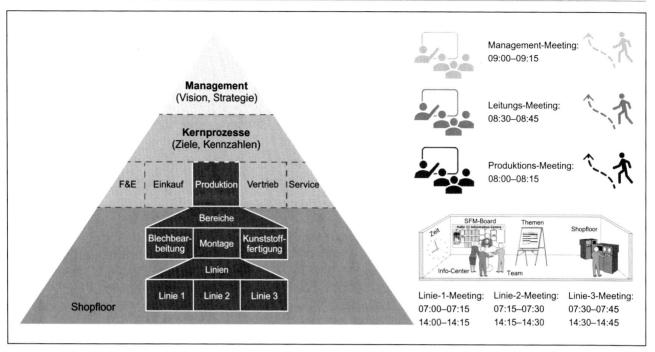

Abb. 3.13 Shopfloor-Meeting-Plan

Shopfloor-Management-Kaskade

Finden täglich mehrere Shopfloor-Meetings in unterschiedlichen Bereichen und auf unterschiedlichen Ebenen statt, muss dafür ein übergreifender Zeitplan ohne Überschneidungen sichergestellt werden. Dies soll den Teilnehmern den Besuch all der Treffen ermöglichen, für die sie benötigt werden oder die für sie relevant sind. Die strikte Einhaltung der Gesprächsdauer wird hierdurch noch wichtiger, weil Überziehungen eine Kettenreaktion von Verspätungen und Wartezeiten (Verschwendung) für andere Personen erzeugen können.

Kaskaden wie in Abbildung 3.13 dargestellt, bieten zudem den Vorteil, dass kritische bereichsübergreifende Situationen sofort nach festen und bekannten Regeln eskaliert werden können und keine langen Wartezeiten entstehen. Rückmeldungen können noch am gleichen Tag oder zeitnah erfolgen.

3.7 Systematische Problemlösung

Definition und Zweck systematischer Problemlösung

Die systematische Problemlösung beschreibt die strukturierte, methodische Vorgehensweise bei der Lösung von Problemen. Probleme zu lösen bedeutet Verschwendung zu eliminieren und ist damit Kernaufgabe und betriebliches Tagesgeschäft aller Akteure, vom Mitarbeiter bis zur Führungskraft. Systematische Problemlösung wird vor

allem für unübersichtliche und komplexe Probleme genutzt. Das Ziel ist, systematische Fehler und Störungen dauerhaft zu beseitigen. Dafür ist meist mehr Zeit erforderlich, sodass der Fortschritt i. d. R. nicht täglich thematisiert wird. Im Gegensatz dazu sind Sofortmaßnahmen zur Schadensbegrenzung fester Bestandteil der täglichen Regelkommunikation.

Probleme können bspw. in Form von fehlerhaften Teilen, Ausschuss, Lieferengpässen, Nichteinhaltung von Projektterminen, fehlendem Material, zu hohen Produktkosten, fehlerhaften Konstruktionsunterlagen, ungeplanten Anlagenausfällen, fehlenden Informationen oder Arbeitsunfällen auftreten. Der betriebliche Alltag beinhaltet eine Vielzahl von Problemen, die zu „Feuerwehraktionen", zusätzlichem Ressourcenbedarf, Zeitverlust, Belastungen der Mitarbeiter, Kosten und letztendlich Produktivitäts- und Wirtschaftlichkeitsverlusten des Unternehmens führen.

Aufgrund der Vielzahl von Problemen und Verschwendungen, die in allen Unternehmensbereichen täglich auftreten, reicht es nicht, diese lediglich von einigen wenigen Problemlösungsexperten bearbeiten zu lassen. Es ist vielmehr notwendig, möglichst viele Mitarbeiter in den täglichen, kontinuierlichen Verbesserungs- und Problemlösungsprozess miteinzubinden. Hierzu müssen möglichst viele Mitarbeiter zur Problemlösung befähigt werden. Sinnvoll ist die Einführung einer einfachen, standardisierten und systematischen Problemlösungsmethodik im Unternehmen. Die Verantwortung hierfür liegt bei den Führungskräften.

Schritte und Hilfsmittel zur systematischen Problemlösung

In der Literatur werden zahlreiche Problemlösungsmethoden mit unterschiedlichen Bezeichnungen, Detaillierungs-, Komplexitätsgraden und Schwerpunkten beschrieben. In Unternehmen, die nach Lean-Prinzipien arbeiten, ist eine systematische Problemlösung auf Basis des PDCA-Kreises (Plan-Do-Check-Act) ein verbreiteter Standard. Er umfasst die Phasen:

Plan:
Erkennen des Problems oder der Abweichung, Analyse und Verstehen der Ursachen sowie Entwicklung geeigneter Verbesserungsmaßnahmen

Do:
Umsetzen und Testen der Verbesserungsmaßnahmen vor Ort mit einfachen Mitteln unter Einbeziehung der Mitarbeiter

Check:
Kontrolle des Erfolges im Prozess

Act:
Rollout des neuen Standards auf alle Prozesse im Erfolgsfall oder Wiedereinstieg in Phase Plan bei Misserfolg

Detailliert man den Schritt „Plan" des PDCA-Zyklus, ergeben sich insgesamt 8 Schritte, die im Folgenden beschrieben werden und in Tabelle 3.1 zusammenfassend, einschließlich anwendbarer Werkzeuge, aufgeführt sind.

1. Problem erkennen und Handlungsbedarf (Auswirkung, Kosten) aufzeigen
2. Ursachen des Problems analysieren und verstehen
3. Lösungsideen für das Problem finden
4. Lösungsideen bewerten, priorisieren und auswählen
5. Maßnahmen zur Umsetzung der Lösungsidee festlegen und planen
6. Maßnahmen umsetzen
7. Erfolgskontrolle durchführen
8. neuen Standard festlegen, ausrollen und Einhaltung sicherstellen

Grundvoraussetzung für die Lösung von Problemen ist, dass diese überhaupt erkannt werden. Tatsächlich werden jedoch viele Probleme in Unternehmen überhaupt nicht bewusst wahrgenommen oder man hat sich damit abgefunden und betrachtet diese als normal. Das Stichwort hierzu lautet „Betriebsblindheit". Ein Hilfsmittel, um Probleme und Verschwendungen erst einmal als solche zu erkennen,

ist die 7V-Methode. Sie sensibilisiert die Mitarbeiter und schärft deren Blick für die Wahrnehmung von Verschwendungen. Sind Verschwendung und Probleme erkannt, ist noch nicht sichergestellt, dass diese auch angegangen werden. Hierfür müssen Betroffene und Entscheider vom Handlungsbedarf überzeugt sein. Solange die Meinung vorherrscht, dass Problem sei doch nicht so gravierend, wird noch keine Problemlösung initiiert. Hierfür ist es wichtig, die Auswirkungen des Problems (Folgen, Kosten, Belastungen) deutlich aufzuzeigen.

Im nächsten Schritt gilt es, die Ursachen des Problems zu finden. Dabei besteht die Gefahr, vorschnell eine auf den ersten Blick naheliegende Ursache zu nennen, ohne die wahren Ursachen insgesamt systematisch analysiert und entdeckt zu haben. Dies kann dazu führen, dass Maßnahmen vorschnell umgesetzt werden, die nicht oder nur vorübergehend zum Erfolg führen und somit Ressourcenverschwendung sind. Um dies zu vermeiden, bieten sich Hilfsmittel wie das Ishikawa-Diagramm und die 5W-Methode an. Im Ishikawa-Diagramm werden verschiedene mögliche Ursachen für Verschwendung und Probleme strukturiert nach den Einflussfeldern Mensch, Maschine, Material, Methode und Umwelt betrachtet.

Die 5W-Mehode zielt darauf ab, die „wahren" Ursachen eines Problems zu finden, die häufig viel tiefer verborgen sind, als man denkt. Hierzu muss die Frage nach der Ursache eines Problems – also die Frage „Warum?" – mehrmals gestellt werden, sodass die zuerst genannten Ursachen immer weiter hinterfragt werden. Die 5W-Methode ist ein charakteristisches Element des Toyota-Produktionssystems (Ohno 1993).

Sind die wahren Ursachen eines Problems identifiziert, gilt es, Ideen für deren Beseitigung zu finden. Hier ist Fachwissen und Kreativität gefragt. Zur Ideenfindung eignen sich Hilfsmittel wie bspw. „Brainstorming". Bei der Ideenfindung hat sich in der Praxis eine teamorientierte Vorgehensweise bewährt, bei der breites Fachwissen und viele Ideen aus unterschiedlichen Bereichen einfließen können.

Lösungsideen können unterschiedliche Erfolgswahrscheinlichkeiten haben und mit unterschiedlichen Kosten verbunden sein. Um dies zu bewerten, kann als Hilfsmittel die Nutzwertanalyse angewendet werden. Hierbei werden der Aufwand und der erwartete Nutzen einer Idee quantitativ oder qualitativ bewertet. Damit lassen sich Verbesserungsideen nach dem Nutzen-Aufwand-Verhältnis priorisieren. Ziel ist es, eine hohe Effizienz von Verbesserungsmaßnahmen zu sichern.

Für die ausgewählten Ideen muss ein detaillierter Maßnahmenplan erstellt werden. Als Hilfsmittel wird hierzu häufig ein standardisiertes Maßnahmenblatt benutzt. Dieses enthält eine Beschreibung der einzelnen Arbeitsschritte, Verantwortliche und Termine. Der Arbeitsfortschritt wird häufig mit einer mehrstufigen Fortschrittskontrolle (geplant, begonnen, teilerledigt, umgesetzt sowie umgesetzt und Wirksamkeit bestätigt) verfolgt und dokumentiert.

Die Umsetzung von Verbesserungsmaßnahmen sollte immer praxisnah, schnell und mit möglichst einfachen Mitteln beginnen. Zu aufwendige, teure und langwierige Maßnahmen verlaufen häufig im Sand. Ist eine Gesamtumsetzung sehr aufwendig oder mit hohen Risiken verbunden, ist zunächst die Erprobung in einer einfachen Testumgebung oder Erstellung einfacher Prototypen sinnvoll. Dabei kann zum Beispiel das Cardboard-Engineering für die Gestaltung von Arbeitsplätzen zum Einsatz kommen. Bei dieser Methode werden neu konzipierte Arbeitsplätze zunächst prototypisch mit Bauteilen aus Pappe errichtet. Die Praxistauglichkeit kann so mit geringen Investitionen überprüft werden.

Umgesetzte Maßnahmen müssen auf ihre Wirksamkeit überprüft werden. Hilfsmittel hierzu können zum Beispiel einfache Soll-Ist-Aufschreibungen, Strichlisten oder Regelkarten sein. Bei der Erfolgskontrolle wird deutlich, ob die umgesetzten Maßnahmen das Problem beheben oder ob weitere Ideen und Maßnahmen entwickelt werden müssen.

Ist die Erfolgskontrolle positiv, können die umgesetzten Verbesserungen als neuer Standard festgelegt werden. Sofern die Verbesserungen nur in einer Testumgebung oder in einem abgegrenzten Pilotbereich umgesetzt wurden, sind sie auf andere Arbeitsbereiche auszuweiten. Damit der Erfolg der Verbesserungen nachhaltig gesichert wird, ist der neue Standard verbindlich zu dokumentieren und dessen Einhaltung zu überwachen. Als Hilfsmittel hierzu dienen Richtlinien, Arbeitsanweisungen, Standardarbeitsblätter und standardisierte Audits.

Problemlösungsblatt
Die in diesem Kapitel beschriebene systematische Problemlösung kann durch standardisierte Arbeitsblätter unterstützt werden. Diese helfen, die erforderlichen Arbeitsschritte strukturiert zu bearbeiten und dienen gleichzeitig der standardisierten Dokumentation und Kommunikation.

Problemlösungsblätter können unterschiedliche Detaillierungsgrade aufweisen. Ein einfaches Problemlösungsblatt kann zum Beispiel 4 Felder (Problembeschreibung, -ursache, -lösung und Erfolgskontrolle) enthalten. Ein Beispiel für ein einfaches Problemlösungsblatt zeigt Abbildung 3.14.

Das detailliertere A3-Problemlösungsblatt in Abbildung 3.15 umfasst hingegen 7 Felder, wobei ein Maßnahmenblatt mit der Möglichkeit zur Dokumentation von Maßnahmen, Verantwortlichen, Termin und Status der Maßnahme integriert wurde. Der Name A3 ist auf das Papierformat der Vorlage zurückzuführen, die genug Platz für die vollständige Darstellung aller Informationen auf einen Blick bietet.

Eine ausführliche Sammlung und Beschreibung weiterer Methoden zur Prozessanalyse, Prozessoptimierung sowie Problemlösung enthält bspw. die „Methodensammlung zur Unternehmensprozessoptimierung" (ifaa 2012) oder die REFA-Fachbuchreihe „Industrial Engineering" (REFA 2015).

Tab. 3.1 Phasen, Schritte und Hilfsmittel der systematischen Problemlösung

Phasen	Schritte	Hilfsmittel (Beispiele)
Plan	1. Problem erkennen und Handlungsbedarf aufzeigen	7V, Visualisierung, Kennzahlen
	2. Ursachen des Problems analysieren und verstehen	Ishikawa-Diagramm, 5W
	3. Lösungsideen für das Problem finden	Brainstorming
	4. Lösungsideen bewerten, priorisieren und auswählen	Nutzwertanalyse
	5. Maßnahmen zur Umsetzung festlegen und planen	Maßnahmenblatt
Do	6. Maßnahmen umsetzen	Cardboard-Engineering, LCA, Rapid Prototyping, 3D-Druck
Check	7. Erfolgskontrolle durchführen	Soll-Ist-Aufschreibung, Strichliste, Regelkarte, Streuungshistogramm
Act	8. Neuen Standard festlegen, ausrollen und sichern	Standardarbeitsblatt, Audits

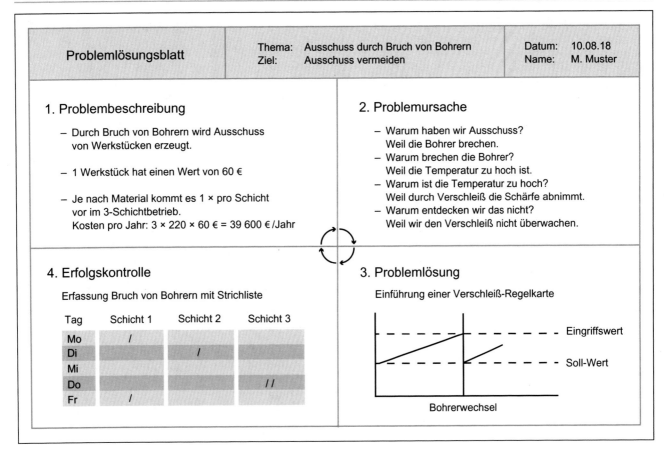

Abb. 3.14 Einfaches Problemlösungsblatt (in Anlehnung an Kaizen-Institut 2003)

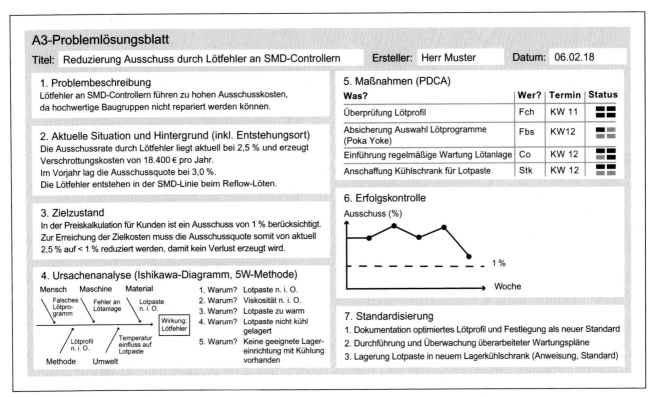

Abb. 3.15 Beispiel A3-Problemlösungsblatt

Vorgehen zur Einführung von Shopfloor-Management

Ralph W. Conrad, Olaf Eisele, Frank Lennings

4

Das ifaa hat ein Konzept zur Einführung eines Shopfloor-Managements in klein- und mittelständischen Unternehmen entwickelt und in insgesamt sieben klein- und mittelständischen Unternehmen der Metall- und Elektrobranche erprobt. Dabei hat sich die Praxistauglichkeit des Konzeptes bestätigt. Für die Implementierung des Shopfloor-Managements und die Umsetzung der einzelnen Schritte müssen die Unternehmen einen Verantwortlichen benennen. In einigen Schritten ist die Unterstützung eines erfahrenen Moderators erforderlich, der nicht aus den betroffenen Bereichen kommen und neutral sein sollte. In den folgenden Abschnitten dieses Kapitels werden das evaluierte Konzept und seine einzelnen Arbeitsschritte erläutert, Abbildung 4.1

Eine Gesamtübersicht – einschließlich Angaben zu Teilnehmern, Inhalten, Formaten und der Dauer der einzelnen Schritte, die auch zur Gesamtplanung eines eigenen Vorhabens genutzt werden kann – ist im Anhang als Anlage 1 verfügbar.

4.1 Zielfindung

Zu Beginn der Einführung ist zunächst ein geeigneter Pilotbereich festzulegen. Dadurch werden Aufwand und Risiken gering gehalten. Besonders geeignet sind hierfür Bereiche mit bekannten und ständig wiederkehrenden

Zielfindung	Information/ Sensibilisierung	Einführung	Erprobung	Check-up	Validierung
Teilnehmer: • Geschäftsführung • Produktionsleitung • Projektleiter SFM • Moderator	**Teilnehmer:** • Geschäftsführung • Führungskräfte • Mitarbeiter Pilotb. • Betriebsrat • Moderator	**Teilnehmer:** • Führungskräfte u. Mitarbeiter aus Pilotbereich • Projektleiter SFM • Moderator	**Teilnehmer:** • Geschäftsführung • Führungskräfte u. Mitarbeiter Pilotb. • Projektleiter SFM	**Teilnehmer:** • Führungskräfte • Projektleiter SFM • Moderator	**Teilnehmer:** • Geschäftsführung • Führungskräfte • Projektleiter SFM • Mitarbeiter Pilotb. • Moderator
Inhalt: • Ist-Situation • Ziele des SFM • Pilotbereich • Vor-Ort-Besichtigung • Projektorganisation	**Inhalt:** • Information zu SFM • Ziele, Hintergründe • Projektablauf • Beteiligte • Diskussion/Fragen	**Inhalt:** • praxisorientierte Gestaltung SFM • SFM-Board • Probelauf • Ergebnispräsentat.	**Inhalt:** • praktische Übung, und Umsetzung SFM • regelmäßige SFM-Meetings	**Inhalt:** • Erfolgskontrolle • Handlungsbedarf • Optimierung	**Inhalt:** • Erfolgskontrolle • Handlungsbedarf • Optimierung • Rollout • SFM-Kaskade
Format: • Projektgespräch • Werksbegehung	**Format:** • Info-Veranstaltung • Diskussion/Fragen	**Format:** • 2-tägiger Workshop mit Vor-Ort-Bezug	**Format:** • SFM-Meeting	**Format:** • Projektgespräch • SFM-Besichtigung	**Format:** • Workshop • SFM-Besichtigung
Dauer: • 0,5 Tage	**Dauer:** • 0,5 Tage	**Dauer:** • 2×0,5 Tage	**Dauer:** • 3 Monate	**Dauer:** • 0,5 Tage	**Dauer:** • 0,5 Tage
1 Ziele definiert	**2** Beteiligte u. Betroffene informiert	**3** SFM in Pilotbereich eingeführt	**4** SFM in Pilotbereich erprobt	**5** Korrektur- bedarf geprüft	**6** erfolgreiche Umsetzung validiert

Abb. 4.1 ifaa-Konzept zur Einführung eines Shopfloor-Managements

© Springer-Verlag GmbH Deutschland, ein Teil von Springer Nature 2019
R. W. Conrad et al., *Shopfloor-Management – Potenziale mit einfachen Mitteln erschließen*, ifaa-Edition, https://doi.org/10.1007/978-3-662-58490-3_4

Problemen. Vorteilhaft ist zudem, wenn Führungskräfte und Mitarbeiter des Pilotbereiches neuen Methoden und Arbeitsweisen gegenüber aufgeschlossen sind. Shopfloor-Management muss sich nicht auf Produktionsbereiche beschränken. Pilotbereiche können deshalb auch in indirekten oder administrativen Abteilungen gewählt werden. In der Regel ist es jedoch sinnvoll, in Produktionsbereichen zu beginnen und das Shopfloor-Management danach schrittweise in andere Bereiche auszudehnen.

An der Auswahl des Pilotbereiches sollten Geschäftsführung und Produktionsverantwortliche sowie ggf. das Führungsteam des Unternehmens beteiligt sein. Sie sollten die größten Probleme infrage kommender Bereiche kennen und auf dieser Basis die Entscheidung treffen, welche Pilotbereiche für die Unterstützung der Strategie und der Ziele des Gesamtunternehmens am besten geeignet sind. Hierzu können sowohl ein Projektgespräch, eine Begehung potenzieller Pilotbereiche als auch ein moderierter Workshop geeignete Formate sein. Für diesen Schritt wird etwa ein halber Tag benötigt. Als Ergebnis sind ein oder mehrere Pilotbereiche sowie Probleme, Ziele und Nutzen definiert. Auch Termine und benötigte Akteure für die weiteren Schritte der Einführung werden grob geplant. Am Ende steht ein Projektplanentwurf, der vor Beginn des nächsten Schrittes zu detaillieren ist, Anlage 1.

4.2　Information und Sensibilisierung

Entscheidend für die Akzeptanz und die engagierte Mitarbeit aller Akteure ist ein einheitlicher Kenntnisstand über das Shopfloor-Management, die damit verbundenen Ziele sowie den Beitrag und die Rolle jedes Einzelnen. Obwohl Shopfloor-Management heute scheinbar etabliert ist, ist davon auszugehen, dass der Kenntnisstand sowie die Vorstellungen und Einstellungen der Mitarbeiter dazu sehr unterschiedlich sind.

Um ein homogenes Wissen und Verständnis zum Shopfloor-Management im Unternehmen zu sichern, müssen die betroffenen Mitarbeiter und Führungskräfte ausführlich darüber informiert werden. Dabei müssen sie die Möglichkeit haben, Fragen zu stellen und Bedenken zu erörtern. Dazu können sowohl zentrale Informationsveranstaltungen als auch eine kaskadenartige Information der Bereiche über die Führungskräfte genutzt werden. Als zielführend haben sich auch moderierte Workshops erwiesen, die mehr Raum für Interaktivität geben. Sie bieten die Möglichkeit, nicht nur Informationen zu geben, sondern auch das Stimmungsbild detaillierter wahrzunehmen und sich darauf einzustellen. Teilnehmer der genannten Veran-

staltungen sind alle Mitarbeiter und Führungskräfte, die im Pilotbereich arbeiten, Geschäftsführung, Betriebsrat und evtl. dem Pilotbereich zuarbeitende Abteilungen. Für diesen Schritt ist je Pilotbereich etwa ein halber Tag erforderlich.

Die Grundinformation zum Thema Shopfloor-Management kann mit dem gleichen Präsentationsmaterial erfolgen wie bei Geschäftsführung und Führungskräften im Schritt „Zielfindung". Zusätzlich muss die Auswahl des Pilotbereiches für die Teilnehmer nachvollziehbar werden, ebenso wie die bisher für den Pilotbereich angestrebten Ziele.

Zudem ist es hilfreich, die Potenziale des Shopfloor-Managements nicht nur für das Unternehmen, sondern auch für jeden einzelnen Mitarbeiter, aufzuzeigen. Hierfür eignen sich auch Praxisbeispiele aus anderen Unternehmen. Daneben sollte auch die Projekt-Roadmap allen Akteuren vorgestellt werden. Wichtig ist, dass der Beitrag eines jeden Mitarbeiters deutlich wird.

Im Anschluss an die Information müssen die Fragen der Akteure zum Konzept und zur Arbeit im Projekt beantwortet werden. Auf die im Shopfloor-Management letztendlich zu behandelnden Themen sollte an dieser Stelle noch nicht ausführlich eingegangen werden. Anregungen und Fragen sollten in einen Themenspeicher einfließen, der im nächsten Schritt, der Einführung oder auch Initiierung, Berücksichtigung findet. Am Ende des Schrittes sollten der Appell und die Ermunterung zur aktiven Mitarbeit stehen.

4.3　Einführung – Teil 1

Zur Einführung oder Initiierung des Shopfloor-Managements eignet sich ein zweiteiliger Workshop, der zwei aufeinanderfolgende halbe Tage umfasst. Die Dauer jeder Sequenz sollte vier Stunden nicht überschreiten. Dies gewährleistet die Konzentration der Workshop-Teilnehmer und bietet die Möglichkeit der Reflexion des im ersten Teil Erarbeiteten „über Nacht".

Die Anzahl der Teilnehmer sollte auf sechs bis acht Personen begrenzt sein, um strukturiertes und fokussiertes Arbeiten aller Teilnehmer zu ermöglichen. Erfahrungsgemäß nutzen Mitarbeiter und Führungskräfte diesen Workshop auch dazu, über ihre ganz persönlichen Probleme am Arbeitsplatz ausführlich zu berichten. Dabei geht zuweilen die Prozesssicht verloren.

Am Workshop teilnehmen sollten drei bis vier Mitarbeiter aus dem Pilotbereich, der jeweilige Meister oder Schichtführer sowie Produktionsleitung bzw. den Pilotbereich verantwortende Führungskräfte sowie kompetente Personen aus anderen Bereichen, die direkt mit den im Schritt „Zielfindung" fokussierten Themen in

Verbindung stehen. Eine neutrale Person sollte den Workshop moderieren.

Zu Beginn der ersten Workshop-Sequenz (beispielsweise nachmittags von 13:00 bis 17:00 Uhr) ist ein Bekenntnis der Geschäftsführung zu ihren Erwartungen und dem angestrebten Ziel als Signal der Entschlossenheit hilfreich. Hierdurch wird der Auftrag an die Teilnehmer nochmals fokussiert und die Verbindlichkeit untermauert.

Am Beginn des Einführungs-Workshops sollte die Diskussion der im Schritt „Zielfindung" definierten Ziele und Schwerpunktthemen durch die Workshop-Teilnehmer stehen. Hier besteht die Möglichkeit, eigene Sichtweisen und Ergänzungen beizutragen. Erfahrungsgemäß können an in diesem Punkt erste Differenzen zwischen der Sicht von Geschäftsführung und Mitarbeitern deutlich werden und Kontroversen auftreten. Auch kann es vorkommen, dass manche Mitarbeiter sich in der Rolle eines Beschuldigten fühlen. Hier muss der Moderator dafür zu sorgen, dass die sachliche, problemorientierte Ebene nicht verlassen wird. In den Pilotunternehmen hat sich gezeigt, dass in diesem Stadium die Mitarbeiter auch ganz neue Probleme benennen, die einen reibungslosen und ungestörten Produktionsablauf stören und Geschäftsführung und Führungskräften bislang noch gar nicht bekannt waren, Abbildung 4.2. Erfahrungsgemäß beansprucht dieser Punkt der Tagesordnung viel Zeit. Der Moderator muss die Probleme visualisieren und strukturieren, um ausufernde Diskussionen zu verhindern.

Ist Einigkeit über zentrale Probleme und Handlungsbedarfe unter den Workshop-Teilnehmern geschaffen, ist als nächstes die Frage zu klären, ob es zu den Problemen verlässliche und belastbare Kennzahlen gibt, die zuverlässige Aussagen über die Probleme zulassen. In den Pilotunternehmen zeigte sich, dass dies sehr oft nicht der Fall war. Beispielsweise verwies ein Teilnehmer darauf, dass zur Erfüllung seines Arbeitsauftrages „sehr oft" entsprechende Zukaufteile fehlten. Er betonte, diesen Umstand auch bereits „des Öfteren" an verschiedenen Stellen im Unternehmen reklamiert zu haben. Es gab jedoch keine „offiziell" erfassten und anerkannten Zahlen dazu.

Weitere, oft genannte Problembereiche sind „Auftragssteuerung" und „Liefertreue". Bei den Unternehmen war zumeist kein digitales Fertigungsleitsystem vorhanden und die bisher entwickelten Methoden der Auftragsverfolgung waren eher intransparent und mit viel personellem Aufwand verbunden. In der Folge war eine stringente Abarbeitung der Aufträge nicht gegeben. Weiterhin waren bei den begleiteten Unternehmen die Qualität, der kontinuierliche Verbesserungsprozess (KVP) und die Verbesserung der Kommunikation – auch über die Abteilungsgrenzen hinaus – wichtige zu erörternde Probleme.

Unter Umständen müssen sich die Teilnehmer des Workshops vor Ort im Pilotbereich ein Bild von der Lage machen, damit sie ein gemeinsames Verständnis der Situation erlangen und Kennzahlen sinnvoll definieren und einführen können.

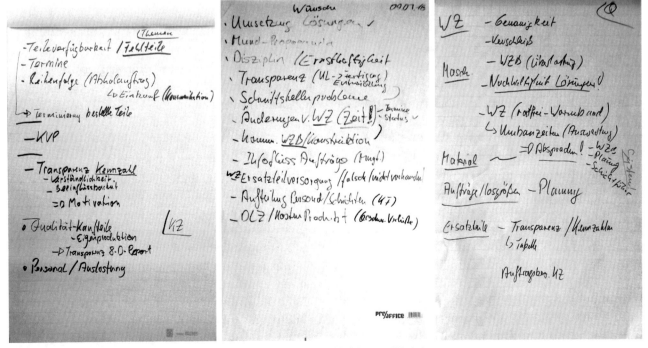

Abb. 4.2 Exemplarische Sammlung von Problemen aus verschiedenen Einführungs-Workshops

28

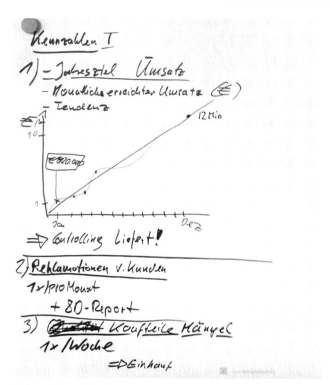

Abb. 4.3 Erste Überlegungen zu Kennzahlen und Visualisierung

Oftmals genügen zur Kennzahlengenerierung einfachste Handaufschreibungen, um belastbare Zahlen zu ermitteln. Im genannten Beispiel der fehlenden Zukaufteile genügte eine einfache Strichliste (Aufträge vollständig oder unvollständig), die täglich geführt wurde, um der Geschäftsführung wöchentlich ein reales und belastbares Bild zu übermitteln. So wurde erstmals mit konkreten Zahlen eine sachliche Debatte geführt, die erhebliche Verschwendungen im Prozess dokumentierte und die Bedeutung dieses Problems aufzeigte, Abbildung 4.3.

Für die Erfassung und Bereitstellung geeigneter Kennzahlen ist es sehr wichtig, von Anfang an die Zuständigkeiten für die Erhebung sowie die Erhebungsintervalle genau zu definieren. Die Qualität und die Aktualität der Daten im Shopfloor-Management sind entscheidend für die rechtzeitige Wahrnehmung und die schnelle Lösung von Problemen.

Über die unternehmensspezifischen Probleme hinaus gibt es Themen, die bei vielen Unternehmen im Shopfloor-Management etabliert sind, wie Arbeits- und Gesundheitsschutz, 5S, Personalverfügbarkeit/Anwesenheit, Informationen der Geschäftsführung, Maschinenverfügbarkeit, Wartungsplan, betriebliches Vorschlagswesen etc. Auch in den Pilotunternehmen wurden diese Themen behandelt, allerdings an unterschiedlichen Stellen und in unterschiedlicher Intensität. Hier hat sich die Integration dieser Themen

in das zu entwickelnde Shopfloor-Management-Board gelohnt, weil nun konzentriert an einer Stelle mit den Mitarbeitern an den Problemen gearbeitet werden kann.

Ist Einigkeit über die Elemente und Kennzahlen des Shopfloor-Management-Boards sowie deren Anordnung und Visualisierung gefunden, sollten die Teilnehmer des Einführungs-Workshops bis zum zweiten Teil des Workshops am kommenden Tag mit einfachen Mitteln – z. B. einer Metaplanwand – einen Prototypen ihres Shopfloor-Management-Boards erstellen. Erfahrungsgemäß ist dies ein „runder" Abschluss für den ersten Workshop-Tag, Abbildung 4.4.

4.4 Einführung – Teil 2

Zu Beginn des zweiten Teils des Einführungs-Workshops (bspw. in der Zeit von 09:00 bis 13:00 Uhr) sollten zunächst die von den Beteiligten entwickelten Hilfsmittel vorgestellt und auf Plausibilität, Verständlichkeit diskutiert werden. Änderungswünsche können sofort diskutiert und berücksichtigt werden, Abbildung 4.5.

Erfahrungsgemäß ist dieser Punkt recht zügig erledigt, weil strittige Punkte i. d. R. bereits am Vortag geklärt worden sind und es jetzt v. a. um die Ausgestaltung und Anordnung der Elemente am Board geht.

Abb. 4.4 Prototyp eines Shopfloor-Management-Boards nach dem ersten Workshop-Tag

Sind die einzelnen Hilfsmittel von den Teilnehmern akzeptiert, ist die Diskussion und Abstimmung der Regelkommunikation im täglichen Shopfloor-Management der nächste Punkt der Tagesordnung. Die Beteiligten müssen sich auf feste Regeln zur Kommunikation einigen, Abbildung 4.6. Diese betreffen

- den Ort der Zusammenkunft (zentral im Unternehmen oder an der Anlage?),
- die Häufigkeit (täglich, wöchentlich …?),
- die Zeiten und die Dauer (feste Anfangs- und Endzeit),
- die Moderation (fester Moderator mit Vertreter oder rollierende Moderation im Teilnehmerkreis?),
- die Zusammensetzung der Teilnehmer aus dem eigenen Bereich und angrenzenden Bereichen (alle Mitarbeiter, Meister, Produktionsleiter oder themenspezifisch nur ausgewählte Mitarbeiter aus bestimmten Abteilungen an bestimmten Tagen und Zeiten?) und
- die Kommunikationsregeln, die beim Shopfloor-Management einzuhalten sind (ausreden lassen, sachlich bleiben, keine direkten Schuldzuweisungen etc.).

Abb. 4.5 Diskussion über erarbeitete Hilfsmittel

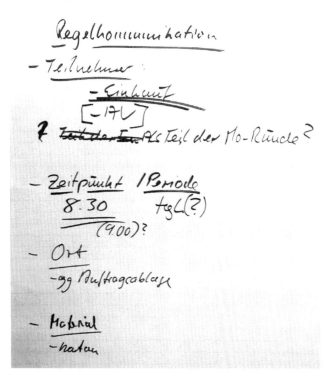

Abb. 4.6 Vereinbarungen zur Regelkommunikation

Das Ergebnis der Diskussion über die Regelkommunikation ist festzuhalten und zu verabschieden.

Im Anschluss begeben sich die Teilnehmer mitsamt den erarbeiteten Hilfsmitteln und einer geeigneten Präsentationsfläche (beispielsweise Metaplanwand oder Magnettafel) an den gewählten Ort für das künftige Shopfloor-Management. Dort wird der Prototyp des Boards aufgebaut und eingerichtet, Abbildung 4.7.

Abb. 4.7 Umsetzung an ausgewähltem Ort

Abb. 4.8 Ergebnispräsentation der Workshop-Teilnehmer an die Geschäftsführung

Im Anschluss erfolgt der „Probedurchlauf" eines Shopfloor-Management-Treffens nach den zuvor festgelegten Regeln (Moderation, Dauer, Inhalte etc.), um die entwickelte Lösung zu validieren.

Gestaltet sich dies zur Zufriedenheit der Workshop-Teilnehmer, wird das Ergebnis der Geschäftsführung präsentiert. Hierbei hat es sich als motivationsfördernd erwiesen, dass jeder Teilnehmer des Einführungs-Workshops einen eigenen Teil dieser Präsentation übernimmt, idealerweise das von ihm kreierte oder gewünschte Hilfsmittel, Abbildung 4.8.

Hierbei besteht die Möglichkeit, Anregungen der Geschäftsführung und Wünsche der Mitwirkenden aufzunehmen. Beispielsweise wurde in einigen Ergebnispräsentationen die Anwesenheit anderer Abteilungen oder die Einsicht bislang unzugänglicher Kennzahlen gefordert, wie z. B. vom Pilotbereich verursachte Reklamationskosten oder verständlichere Zahlen zur Umsatzentwicklung.

Im Nachgang muss sichergestellt werden, dass alle künftig am Shopfloor-Management Beteiligten, also auch diejenigen, die nicht am Einführungs-Workshop teilgenommen haben, mit den Ergebnissen vertraut gemacht werden. Die Rollen dafür sollten wie bei der Präsentation für die Geschäftsführung verteilt sein, Abbildung 4.9.

Damit wird von vornherein sichergestellt, dass das Shopfloor-Managementssystem nicht als alleiniges Produkt des Managements, sondern als gemeinsame Entwicklung angesehen wird. Die Pilotunternehmen berichteten, dass die Akzeptanz der Mitarbeiter und ihre Bereitschaft zur Mitarbeit deshalb von Beginn an sehr hoch war.

Abb. 4.9 Ergebnispräsentation der Workshop-Teilnehmer für die Kollegen

4.5   Erprobung

Nach Abschluss des Einführungs-Workshops beginnt sofort das tägliche Shopfloor-Management, um Elan und Schwung konstruktiv zu nutzen. Der Fokus der Aufmerksamkeit sollte sich zunächst nicht auf gestalterische Aspekte richten. Der Nutzen und die Plausibilität der erarbeiteten Hilfsmittel sollen im Vordergrund stehen. So werden Kreativität und Energie der Mitwirkenden auf die gemeinsame Arbeit im Shopfloor-Management konzentriert.

Für die betriebliche Erprobungsphase sollten ca. drei Monate eingeplant werden. So ist gewährleistet, dass für die Aufnahme der Kennzahlen, deren Visualisierung sowie die Bewertung von Einflussfaktoren und Wechselwirkungen ein „Gefühl" erlangt werden kann. In dieser Erprobungsphase war bei einigen Unternehmen zu beobachten, dass die Abarbeitung der vielen Probleme, die durch das Shopfloor-Management erst erkannt wurden, eine große Hürde darstellen kann. Hier kann Priorisierung helfen, indem das Team sich beispielsweise zunächst nur um die drei wichtigsten Probleme kümmert und die anderen einfach „ausblendet" bzw. in einen Themenspeicher überführt. Dies kann dazu beitragen, Fortschritt zu sichern und das Gefühl der „Lähmung" angesichts zu vieler Herausforderungen zu vermeiden.

4.6   Check-up

Im „Check-up-Meeting" müssen sich neutrale interne oder externe Beobachter ein Bild vom Stand und der Entwicklung des Shopfloor-Managements machen. Gegenstand ihrer Beobachtung und Rückmeldung können bspw. folgende Aspekte sein:

- Stringenz der Shopfloor-Management-Treffen
- Einhaltung der Kommunikationsregeln durch Moderator und Teilnehmer

- Akzeptanz seitens der Mitarbeiter (Pünktlichkeit, Mitarbeit …)
- Entwicklung der Kennzahlen (Aktualität, Quantität, Qualität, Nutzbarkeit, Zuständigkeit etc.)
- Maßnahmenverfolgung
- Resonanz des Managements
- Erfolge

Die Beobachter sollten sich nicht auf Aussagen der Geschäftsführung oder Produktionsleitung verlassen, sondern unbedingt am Shopfloor-Management vor Ort teilnehmen. So können sie Handlungsbedarf erkennen. In einem Pilotunternehmen war bspw. zu beobachten, dass in der Shopfloor-Management-Runde Pünktlichkeit und Disziplin der Teilnehmer nicht den vereinbarten Regeln entsprachen. Oder die Teilnehmer sind nicht konsequent auf die Maßnahmen zu Problemen des Vortags eingegangen, obwohl daraus beträchtlicher Schaden entstehen konnte. In einem anderen Fall war die Mehrheit der Teilnehmer der Shopfloor-Management-Runde recht passiv, weil der Produktionsleiter als Moderator sehr dominant auftrat. In einem anschließenden Gespräch mit Geschäftsführung und Projektbeteiligten müssen solche Punkte offen angesprochen sowie zeitnah Lösungen

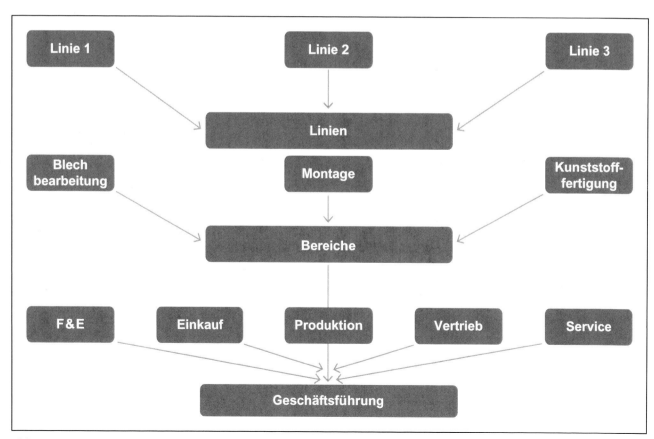

Abb. 4.10 Beispiel für eine Shopfloor-Management-Kaskade

gefunden und umgesetzt werden, z. B. Coaching oder
regelmäßige Beobachtung.

Während der Erprobungsphase sollen auch die erfolgreich validierten provisorischen Hilfsmittel und die Boards
in eine dauerhafte Lösung überführt werden, beispielsweise
kann eine provisorische Metaplanwand einer fest an der
Wand installierten Magnettafel weichen.

4.7   Validierung/Überprüfung

Nach Abschluss der dreimonatigen Erprobungsphase sollten
alle Projektbeteiligten (Mitarbeiter, Meister, Geschäftsführung) für ca. zwei bis drei Stunden zu einem „Validierungs-
Workshop" zusammenkommen. Ziele sind hierbei die
gemeinsame Reflexion der vergangenen drei Monate und
die Überprüfung

- der erarbeiteten Kennzahlen,
- der Vereinbarungen zur Regelkommunikation,
- der entwickelten Standards,
- der Board-Struktur,
- der etablierten Problemlösungstechniken und
- der organisatorischen Bedingungen des Shopfloor-
  Managements.

Am Ende dieses Schrittes sind alle Hinweise auf Verbesse-
rungsbedarf und Entwicklungsmöglichkeiten für die weitere
Arbeit gesammelt. Diese sind auch bei der Ausweitung des
Shopfloor-Managements in andere Unternehmensbereiche
von Anfang an zu berücksichtigen, um Verbesserungen
schnell überall wirksam werden zu lassen.

Sofern in allen wesentlichen Unternehmensbereichen
Shopfloor-Management eingeführt ist, besteht zudem die
Möglichkeit zur Entwicklung einer Shopfloor-Management-
Kaskade für das Gesamtunternehmen, Abbildung 4.10.

Sind die Treffen zeitlich gut aufeinander abgestimmt,
können Sofortmaßnahmen, die eine koordinierte Reaktion
mehrerer Bereiche erfordern, schneller und reibungsloser
umgesetzt werden. Die bereichsübergreifende Kooperation
und Kommunikation sowie das bereichsübergreifende
Verständnis werden gefördert.

Ralph W. Conrad, Olaf Eisele, Frank Lennings

Während der Erprobungsphase des im Handlungsleitfaden beschriebenen Vorgehens konnten zahlreiche gute Beispiele und Erfahrungen gesammelt werden, die im Folgenden beschrieben sind. Die Praxisbeispiele verdeutlichen, dass ein unkomplizierter Einstieg in das Shopfloor-Management mit überschaubarem Ressourcenaufwand und schnell spürbaren Erfolgen möglich ist. Sehr hilfreich ist es, den Einstieg direkt mit der Bekämpfung eines bekannten Problems zu verbinden, das viele Akteure betrifft und belastet. Nach anfänglichen Erfolgen ist eine gute Basis für die stetige Ausweitung und Weiterentwicklung des Shopfloor-Managements geschaffen.

5.1 Beispiel: termintreue Montage

Eines der im Einführungs-Workshop genannten Probleme war, dass die Ziele hinsichtlich der Liefertreue im Montagebereich nicht erreicht wurden. Viele Teilnehmer führten dies auf die mangelnde Verfügbarkeit von Zukaufteilen zurück. Die fehlenden Zukaufteile verursachen Zeitverluste bei der Auftragsbearbeitung. Aufträge mussten zurückgestellt sowie ausgelagertes und bereitgestelltes Material z. T. wieder zurück ins Lager gebracht werden. Darüber hinaus mussten die Aufträge bei Wiedereinschleusung erneut auf Vollständigkeit überprüft werden.

Es existierten jedoch keine Kennzahlen zur Vollständigkeit der Zukaufteile. Deshalb war die Argumentation der Montage in der wöchentlichen Abteilungsleiterrunde nicht verifizierbar. Im Einführungs-Workshop wurde eine Handaufschreibung entwickelt, die auf einfache Weise in Form einer Strichliste, eine wöchentliche Kennzahl der vollständigen bzw. unvollständigen Aufträge bereitstellt, Abbildung 5.1.

Des Weiteren haben die Teilnehmer des Einführungs-Workshops bei der Geschäftsleitung angeregt, dass sich die Abteilungsleiterrunde vor ihrem wöchentlichen Meeting am Shopfloor-Management-Board trifft, um die Probleme aus der Montage anschließend direkt zu thematisieren bzw. an Lösungen zu arbeiten. Geschäftsführung und Einkauf waren nun durch die Mitarbeiter für das Thema sensibilisiert und binnen kurzer Zeit (8 Wochen) ging die Zahl der unvollständig bereitgestellten Aufträge von 50 % auf 4 % zurück.

Um den Prozess der Auftragsabwicklung weiter zu beschleunigen wurde im Validierungs-Workshop ein weiteres Kennzahlen-Erhebungsblatt entwickelt. Die Teilnehmer wünschten, dass die Aufträge wesentlich früher in die Produktion eingeschleust werden, damit es zu Beginn der jeweiligen Schicht nicht zu Verzögerungen kommt. In

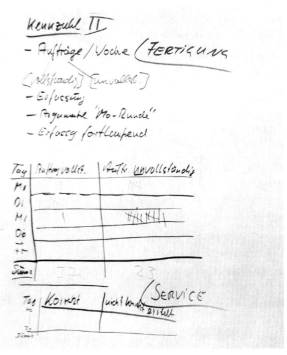

Abb. 5.1 Entwurf zur Erfassung vollständig bzw. unvollständig bereitgestellter Montageaufträge

© Springer-Verlag GmbH Deutschland, ein Teil von Springer Nature 2019
R. W. Conrad et al., *Shopfloor-Management – Potenziale mit einfachen Mitteln erschließen*, ifaa-Edition, https://doi.org/10.1007/978-3-662-58490-3_5

dem neuen Erhebungsblatt werden nun die Anzahl pünktlicher Auftragseingänge (Bereitstellung vor 09:00 Uhr und vor 16:00 Uhr für die jeweilige Schicht) und die Anzahl nicht pünktlich bereitgestellter Aufträge erfasst. Auch hierzu dient eine einfache Strichliste, Abbildung 5.2.

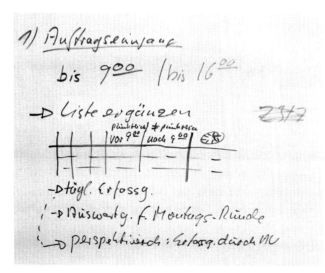

Abb. 5.2 Entwurf zur Erfassung verspätet eingetroffener Aufträge

Die Teilnehmer haben nach Beseitigung der ursprünglichen Hauptstörung (vollständige Materialbereitstellung für Montageaufträge) im Validierungs-Workshop den Wunsch geäußert, weitere Probleme in der Auftragsabwicklung zu identifizieren und daran zu arbeiten. Hierzu wurde ein Blatt zur Handaufschreibung für Störungen entwickelt, in dem neben einer strukturierten Problembeschreibung auch der resultierende Zeitverlust in Minuten dokumentiert wird, Abbildung 5.3.

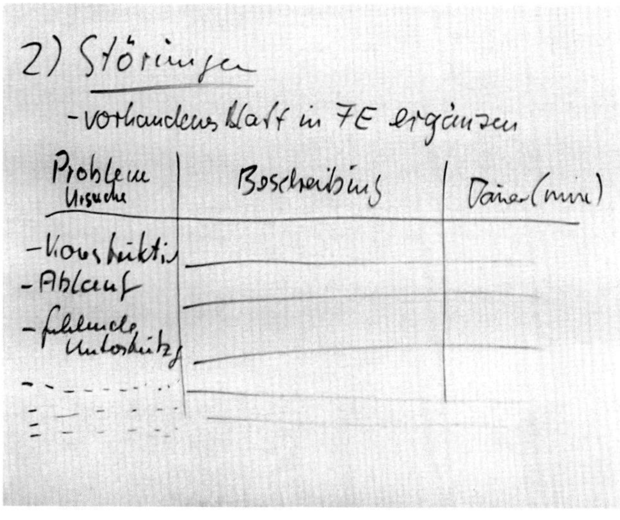

5.2 Beispiel: Auftragssteuerung

Im Einführungs-Workshop wurden als Hauptprobleme die Auftragssteuerung und mangelnde Transparenz der Auftragsabwicklung benannt. Die Mitarbeiter der insgesamt sechs Bearbeitungsbereiche arbeiteten die Aufträge i. d. R. in der Reihenfolge ab, wie Material und Auftragszettel nach Anlieferung durch den vorgelagerten Bereich in den jeweiligen Bereitstellungsflächen zugängig waren. Zusätzlich wurden Änderungen der Auftragsdringlichkeit und -reihenfolge von verschiedenen Personen aus Vertrieb, Produktionsleitung, Geschäftsführung von Hand auf den Auftragspapieren nach uneinheitlicher Systematik („eilt", „eilt sehr" „zuerst bearbeiten" etc.) vermerkt, die nicht für jeden Mitarbeiter eindeutig und verständlich waren. In der Folge mangelte es an Transparenz bei der Auftragsverfolgung und -steuerung. Ein Großteil der Arbeitszeit der Produktionsleitung entfiel auf die Suche nach Aufträgen an den Arbeitsstationen, um bspw. den Vertrieb über mögliche Liefertermine zu informieren.

Die Beteiligten am Einführungs-Workshop entwickelten ein Erfassungsblatt, mit dem die Auftragsreihenfolge im Shopfloor-Management gesteuert wird und in dem jede Arbeitsstation die Fertigstellung ihrer Arbeit an einem Auftrag für ihren Bereich zu Schichtende vermerkt, Abbildung 5.4.

Als Ergebnis berichtet die Produktionsleitung von mehr Transparenz und weitaus weniger „Lauferei" bei der Erfassung des Stands der Auftragsbearbeitung. Die Mitarbeiter haben jetzt ein klares Bild von Bearbeitungsstand und Dringlichkeit der Aufträge sowie der Bearbeitungsreihenfolge. Vor allem hat sich auch die Liefertreue zum Kunden verbessert.

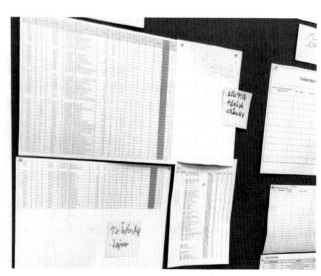

Abb. 5.3 Entwurf einer Aufschreibung zu Störungen in der Montage

Abb. 5.4 Entwurf zur Aufschreibung des Fertigungsstandes

5.3   Beispiel: Schnittstellenmanagement/ Informationskaskade

In diesem Beispiel ist das Shopfloor-Management zunächst in einem von mehreren Fertigungsbereichen eingeführt worden. Insbesondere Qualitätsrate, Quantität und Liefertreue standen im Mittelpunkt des Einführungs-Workshops. Wie kann zielorientiert und schnell auf Abweichungen reagiert werden? Neben der detaillierten Erfassung der Probleme beschäftigte das Unternehmen insbesondere die schnelle Informationsweitergabe an eindeutig definierte Adressaten sowie die zeitnahe Abstimmung, Entscheidung und Maßnahmeneinleitung.

Um 07:30 Uhr trifft sich jetzt der Bereich zum Shopfloor-Management, um die vereinbarten Themen durchzusprechen. Anschließend treffen sich in der „08:00-Uhr-Runde" der Bereichsleiter des Fertigungs-bereichs, in dem das Shopfloor-Management stattgefunden hat, mit den anderen Bereichsleitern und jeweils einem Vertreter der Qualitätssicherung, der Arbeitsvorbereitung und der Logistik. Probleme, die in dieser Runde nicht zu lösen sind, werden entweder an andere Abteilungen – wie Vertrieb oder Einkauf – oder in die tägliche „08:15-Uhr-Besprechung" zwischen Betriebsleiter und Geschäfts-führer weitergegeben. Diese behandelt abteilungsüber-greifende Probleme und betriebliche Gesamtkennzahlen, Abbildung 5.5.

Laut Aussagen der Teilnehmer des Validierungs-Workshops gestalten sich die Diskussionen um Qualitätsprobleme und verminderten Ausstoß nun weitaus systematischer, der Informationsfluss hat sich wesentlich verbessert. Probleme können einfacher und schneller von den jeweils zuständigen Mitarbeitern behoben werden.

5.4   Beispiel: Transfer vom Pilotbereich in das Unternehmen

In diesem Beispiel waren bereits erste Kennzahlen zu Maschinenverfügbarkeit, Personaleinteilung, Audits zu 5S etc. vorhanden. Im Einführungs-Workshop wurde zunächst vereinbart, diese bislang nur dezentral verfügbaren Infor-mationen für einen Pilotbereich auf einem Shopfloor-Ma-nagement-Board zusammenzustellen. Außerdem wurden die ursprünglichen Kennzahlen um weitere zu Arbeitssi-cherheit, Qualität, KVP, Problemlösung, Kosteneinsparung, Urlaubsplanung etc. erweitert.

Seit der Einführung findet täglich ein Meeting statt, in dem die Beteiligten nach einer festen Reihenfolge die Themen abarbeiten. Die Kennzahlen zu Liefertreue, Durchlaufzeiten und Kosteneinsparungen haben sich verbessert. Auch die von den Mitarbeitern abgegebene Bewertung zu Art und Umfang der Kommunikation im Team hat sich deutlich verbessert.

Abb. 5.5 Erste Entwicklung des Shopfloor-Management-Boards im Geschäftsführerbüro

Das so etablierte Shopfloor-Management soll nun in einem weiteren Produktionsbereich etabliert werden. Zur Vorbereitung und Sensibilisierung des neuen Bereichs hospitieren dessen Mitarbeiter jeweils einzeln für eine Woche bei den Shopfloor-Management Treffen des ersten Pilotbereiches.

Parallel dazu wurde nach ähnlichem Muster ein Shopfloor-Management für die Teamleiter aus allen Produktions-Bereichen (Schleiferei, Dreherei, Schraubenmontage) zzgl. Versand eingerichtet, um die Akzeptanz bei allen Teamleitern für die Einführung in deren Bereichen zu erhöhen, Abbildung 5.6.

Perspektivisch ist ein Shopfloor-Management in allen Produktionsbereichen und angrenzenden Bereichen wie bspw. dem Versand geplant.

5.5   Beispiel: interne Liefertreue

Während des Initiierungs-Workshops wurde als größte Herausforderung die Steigerung der internen Liefertreue aus mehreren Vorfertigungsbereichen in die Montagen genannt. Sowohl ungeplante Maschinen- wie auch Werk-zeugausfälle und die stark schwankenden Kapazitätsauslastungen waren wesentliche Einflussfaktoren, die teilweise zu einer Nichterfüllung der Ziele hinsichtlich Liefertreue und -menge geführt haben.

Im Einführungs-Workshop stellte sich zudem heraus, dass die an den Anlagen elektronisch erfassten Ursachen für Stillstände und Störungen nicht ausreichend hilfreich für die effektive Beseitigung der Probleme waren.

Die Beteiligten erarbeiteten daraufhin ein Werkzeug, das eine transparente Analyse und Visualisierung von Ausfallursachen und -zeiten der Anlagen ermöglicht. Des Weiteren wurde die Kommunikation mit den Instandhaltungsbereichen intensiviert. Diese nehmen nun regelmäßig an den Shopfloor-Management-Runden der Vorfertigungsbereiche teil, um zum einen Gründe für und Maßnahmen gegen Maschinenausfälle zu besprechen und zum anderen die Durchführung notwendiger Wartungsarbeiten terminlich besser abzustimmen.

Zusätzlich zum Shopfloor-Management in den Vorfertigungsbereichen wurde das Shopfloor-Management in der Disposition etabliert, das im Anschluss stattfindet. Hier treffen sich täglich die Leiter der drei Vorfertigungsberei-

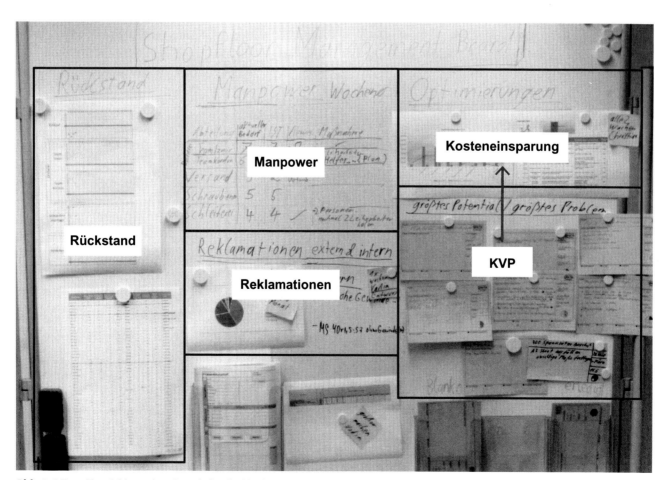

Abb. 5.6 Erste Entwicklung eines Boards für die Abteilungsleitertreffen

che, der Montagebereiche, der Abteilung Qualität und der
Disposition, um die termingerechte Auslieferung geplanter
Aufträge und die Erreichung weiterer Unternehmensziele
zu besprechen und sicherzustellen. Im Anschluss trifft sich
der Werkleiter mit der Dispositionsleitung zur Absprache.
Hieran nimmt auch der Betriebsrat zweimal pro Woche teil,
um sich über die aktuelle Auftragslage und den eventuellen
Bedarf an Samstagsarbeit zu informieren.

Erfolge zeigen sich hinsichtlich der Liefertreue der
Vorfertigungsbereiche gegenüber der Montage, der Zyklus-
zeiten in einem der Vorfertigungsbereiche, der Reaktions-
zeiten bei der Abarbeitung von Problemen, der Entwicklung
des internen Kunden-Lieferanten-Verständnisses und des
Prozessdenkens bei den Mitarbeitern.

Geplant ist jetzt die Einführung in den Montageberei-
chen sowie der Ausbau der „Dispo-Runde" zu einer
unternehmensdurchgängigen Shopfloor-Management-
Kaskade. In der Folge sollen auch Schwesterwerke des
Unternehmens hiervon profitieren.

Erfahrungen

Ralph W. Conrad, Olaf Eisele, Frank Lennings

Die Erfahrungen aus der Umsetzung in den Pilotunternehmen bestätigen vielfach die bereits beschriebenen Erfolgsvoraussetzungen und Empfehlungen. Sie sind im Folgenden den sieben Erfolgsbausteinen als kompakte Übersicht zur Orientierung zugeordnet. Die Übersicht gibt nur einen Einblick und erhebt keinen Anspruch auf Vollständigkeit.

6.1 Kennzahlen

Empfehlungen:
- Kennzahlen für Mitarbeiter:
  - ▸ Mitarbeiter müssen die Kennzahlen durch ihr Handeln beeinflussen können.
  - ▸ Bereits vorhandene Kennzahlen auf den Pilotbereich herunterbrechen (bspw. Qualitätsrate nicht gesamtbetrieblich, sondern bereichsbezogen betrachten).
  - ▸ Kennzahlen von Fachabteilungen bereitstellen lassen, falls diese nicht durch das Team zu ermitteln sind.
  - ▸ Vorhandene Kennzahlen auf dem Board zusammenführen und nutzen.
- Kennzahlen von Mitarbeitern:
  - ▸ Mitarbeiter des Pilotbereiches bei Auswahl und Erarbeitung der Kennzahlen beteiligen.
  - ▸ Perioden zur Erfassung von Kennzahlen genau definieren.
  - ▸ Verantwortliche zur Ermittlung der Kennzahlen festlegen (Stellvertretung regeln).
  - ▸ Mitarbeiter in die Erfassung und Darstellung der Kennzahlen einbeziehen bzw. Generierung der Kennzahlen durch die Mitarbeiter selbst.

Stolpersteine:
- „Verrennen" in Themenvielfalt:
  - ▸ Zu Beginn der Einführungsphase werden zu viele Themen in den Fokus genommen (jeder Beteiligte empfindet sein Problem als das wichtigste).

- Kennzahlen falsch anwenden:
  - ▸ Die Kennzahlen zur Leistungserfassung einzelner Mitarbeiter nutzen.
- Betriebsrat nicht in die Initiierungsprozess einbeziehen:
  - ▸ Betriebsräte können die Einführung behindern oder blockieren.
  - ▸ Betriebsräte gehen als wichtige Fürsprecher und Multiplikatoren verloren.

6.2 Visuelles Management

Empfehlungen
- Keep it simple:
  - ▸ Darstellungen von Kennzahlen oder Ist-Situation müssen eindeutig sein (kein Raum für Interpretationen).
  - ▸ Schriftgrößen anpassen, mit Ampelfarben arbeiten.
- Aktualität sichern:
  - ▸ Die Daten müssen aktuell sein, damit sie diskutabel sind („Folienstift statt SAP").

Stolpersteine
- Design vor Aktualität und Schnelligkeit:
  - ▸ Teilnehmer legen mehr Wert auf die äußere Form der Darstellung von Kennzahlen als auf die Inhalte selbst und die Aktualität.
- Weiterentwicklung des Shopfloor-Management-Boards durch Stabsstelle:
  - ▸ Mitarbeiter fühlen sich nicht mehr verantwortlich und „klinken sich aus".

6.3 Regelkommunikation

Empfehlungen

- Feste Anfangs- und Endzeiten definieren:
  - ▷ Was nicht in der vorgegebenen Zeit erledigt werden kann, muss delegiert werden.
- Alle Mitarbeiter im Pilotbereich beteiligen:
  - ▷ Informationsstand und Verantwortung im Shopfloor-Management homogen halten.
  - ▷ Moderation rollierend gestalten.
- Integration des Managements von Beginn an:
  - ▷ Know-how des Managements bei der Weiterentwicklung des Shopfloor-Managements nutzen.

Stolpersteine

- Unpünktlichkeit nicht ahnden:
  - ▷ Schnell schleicht sich der „Schlendrian" ein, Shopfloor-Management verliert die Bedeutung für die Mitarbeiter. Eine „Spende" in das gemeinsame Sparschwein oder ein „roter Punkt" können helfen.
- Abstände zwischen den Treffen sind zu groß:
  - ▷ Maßnahmen entfalten keine schnelle Wirkung mehr.
  - ▷ Probleme und Lösungen geraten in Vergessenheit.
  - ▷ Die Aktualität geht verloren.

6.4 Systematische Problemlösung

Empfehlungen

- Verantwortung bei der Problemlösung an Mitarbeiter abgeben.
- KVP von Anfang an betreiben:
  - ▷ Trotz der zu erwartenden Fülle an Problemen zu Beginn des Shopfloor-Managements konsequente Erfassung und Abarbeitung im Team beibehalten.
  - ▷ Probleme priorisieren, ggf. bspw. nur die Top 3 oder Top 5 bearbeiten.
  - ▷ Vom Team nicht zu lösende Probleme eskalieren und das Team über Ergebnisse informieren.

Stolpersteine

- Schuldzuweisungen:
  - ▷ Fehler nicht als Chance zur Verbesserung erkennen.
  - ▷ Probleme im Prozess an einzelnen Personen festmachen.
  - ▷ Einzelne Personen an die „(An)Klagemauer" stellen.

6.5 Nachhaltigkeit

Empfehlungen

- Würdigung der Arbeit im Shopfloor-Management:
  - ▷ Teilnahme am Shopfloor-Management durch Vertreter des Topmanagements.
  - ▷ Mitarbeiter durch direkte Ansprache zur Mitarbeit motivieren.
- „Ausrollen" des Shopfloor-Managements in andere Abteilungen:
  - ▷ Erfahrungen aus dem Pilotbereich nutzen.
  - ▷ Vor Initiierung in anderen Bereichen deren Mitarbeiter beim bestehenden Shopfloor-Management hospitieren lassen.
  - ▷ Einbeziehen aller Managementebenen in den Entwicklungsprozess.
- Kennzahlen, die dauerhaft und stabil erreicht werden, durch andere für das „nächstkleinere" Problem ersetzen.

Stolpersteine

- Abweichungen vom vereinbarten Standard dulden:
  - ▷ Unpünktlichkeit zulassen.
  - ▷ „Lamentieren" der Teilnehmer in den Meetings zulassen.
- Schweigende Mehrheit:
  - ▷ Lähmende Missstände, die keiner offen ausspricht, ignorieren, obwohl sie „auf den Tisch" gehören.

6.6 Rollenverständnis

Empfehlungen

- Coachen statt belehren:
  - ▷ Führungskraft informiert, plant und delegiert, fördert und motiviert.
  - ▷ Führungskraft setzt Ziele und prüft Zielerreichung.
  - ▷ Führungskraft geht mit gutem Beispiel voran.
  - ▷ Führungskraft schafft Vertrauen.
  - ▷ Shopfloor-Management dient nicht der Kontrolle der Mitarbeiter!

Stolpersteine

- Führungskraft hält sich allein für verantwortlich:
  - ▷ Führungskraft erledigt alle Aufgaben allein und delegiert nicht (Rückmeldung und Coaching durch akzeptierte Personen sind hier unerlässlich).
- Führungskraft fühlt sich als einziger kompetent:
  - ▷ Ideen und Meinungen von Mitarbeitern und anderen Bereichen werden ignoriert (Rückmeldung und Coaching durch akzeptierte Personen sind hier unerlässlich).

6.7   Arbeitsprinzipien

Empfehlungen

- Abteilungsübergreifend denken:
  - ▹ Zu lösende Probleme in interdisziplinären Teams als Projekt bearbeiten.
  - ▹ Zusagen und Termine beachten.
  - ▹ Probleme, die auf andere Bereiche zurückzuführen sind, benennen, adressieren und ggf. eskalieren.

Stolpersteine

- Das Team wird's schon richten:
  - ▹ Möglichkeiten der Problemlösung durch das Team überschätzen, insbesondere in Unternehmen mit stark ausgeprägtem Abteilungsdenken.
  - ▹ Abteilungsübergreifender Austausch wird erschwert, abgelehnt oder nicht unterstützt.

Coenenberg AG (1997) Kostenrechnung und Kostenanalyse. Verlag Moderne Industrie, Landsberg/Lech

Cruz G (2017) 4 Gründe, warum visuelle Kommunikation Erfolg hat. https://blogs.techsmith.de/allgemein/visuelle-kommunikation-erfolgsgruende/. Zugegriffen: 9. August 2018

Dörich J, Gassner J (2016) Shopfloor-Management – Praxisbeispiel myonic GmbH. In: ifaa - Institut für angewandte Arbeitswissenschaft e. V. (Hrsg.) 5S als Basis des kontinuierlichen Verbesserungsprozesses. Springer, Berlin Heidelberg, S. 205-211

Ehrlenspiel, K. (1995) Integrierte Produktentwicklung: Methoden für Prozessorganisation, Produkterstellung und Konstruktion. Hanser, München

Florack A, Scarabis M, Primosch E (2012) Psychologie der Markenführung. Vahlen, München

ifaa – Institut für angewandte Arbeitswissenschaft e. V. (2012) Methodensammlung zur Unternehmensprozessoptimierung. Curt Haefner, Düsseldorf

Kostka C, Kostka S (2011) Kontinuierlicher Verbesserungsprozess. Methoden des KVP, 5. Auflage. Hanser, München

Lendzian H, Martin-Martin R (2016) Shopfloor-Management: Nachhaltige Problemlösungen schaffen. In: H. Künzel (Hrsg.) Erfolgsfaktor Lean Management 2.0 – Erfolgsfaktor Serie. Springer, Berlin Heidelberg

Ohno T (1993) Das Toyota Produktionssystem. Campus, Frankfurt

Peters R (2017) Shopfloor-Management. Führen am Ort der Wertschöpfung. LOG_X, Stuttgart

Polster A (2016) Einführung von Shop Floor Management. Iapo – Institut für innovative Arbeitsgestaltung, Praxisberatung und Organisationsentwicklung. http://www.iapo-online.de/fileadmin/user_upload/documents/PDF/iapo_Andreas Polster_2013.05.06.pdf. Zugegriffen: 22. Juni 2018

Radloff U, Conrad RW, Richter B (2018) Der Faktor Mensch im Kontinuierlichen Verbesserungsprozess (KVP) – Herausforderungen erkennen, Potenziale der Mitarbeiter fördern. Betriebspraxis & Arbeitsforschung (223): 28-36

REFA Bundesverband e. V. (2015) Industrial Engineering – Standardmethoden zur Produktivitätssteigerung und Prozessoptimierung. Hanser, Darmstadt

REFA Bundesverband e. V. (2016) Arbeitsorganisation erfolgreicher Unternehmen – Wandel in der Arbeitswelt. Hanser, Darmstadt

Staufen AG (Hrsg) (2017) 25 Jahre Lean Management – Lean gestern, heute und morgen. Eine Studie der Staufen AG und der Instituts PTW der Technischen Universität Darmstadt

© Springer-Verlag GmbH Deutschland, ein Teil von Springer Nature 2019
R. W. Conrad et al., *Shopfloor-Management – Potenziale mit einfachen Mitteln erschließen*, ifaa-Edition, https://doi.org/10.1007/978-3-662-58490-3

Ralph W. Conrad, Olaf Eisele, Frank Lennings

Die Arbeitshilfen und Checklisten stehen im Downloadbereich zur Verfügung.

© Springer-Verlag GmbH Deutschland, ein Teil von Springer Nature 2019
R. W. Conrad et al., *Shopfloor-Management – Potenziale mit einfachen
Mitteln erschließen*, ifaa-Edition, https://doi.org/10.1007/978-3-662-58490-3

48

Anlage 1: Projektplan zur SFM-Einführung

	Zielfindung	Information/ Sensibilisierung	Einführung	Erprobung	Check-up	Validierung
Teilnehmer:	• Geschäftsführung • Produktionsleitung • Projektleiter SFM • Moderator	• Geschäftsführung • Führungskräfte • Mitarbeiter Pilotb. • Betriebsrat • Moderator	• Führungskräfte u. Mitarbeiter aus Pilotbereich • Projektleiter SFM • Moderator	• Geschäftsführung • Führungskräfte u. Mitarbeiter Pilotb. • Projektleiter SFM	• Führungskräfte • Projektleiter SFM • Moderator	• Geschäftsführung • Führungskräfte • Projektleiter SFM • Mitarbeiter Pilotb. • Moderator
Inhalt:	• Ist-Situation • Ziele des SFM • Pilotbereich • Vor-Ort-Besichtigung • Projektorganisation	• Information zu SFM • Ziele, Hintergründe • Projektablauf • Beteiligte • Diskussion/Fragen	• praxisorientierte Gestaltung SFM • SFM-Board • Probelauf • Ergebnispräsentat.	• praktische Übung, und Umsetzung SFM • regelmäßige SFM-Meetings	• Erfolgskontrolle • Handlungsbedarf • Optimierung	• Erfolgskontrolle • Handlungsbedarf • Optimierung • Rollout • SFM-Kaskade
Format:	• Projektgespräch • Werksbegehung	• Info-Veranstaltung • Diskussion/Fragen	• 2-tägiger Workshop mit Vor-Ort-Bezug	• SFM-Meeting	• Projektgespräch • SFM-Besichtigung	• Workshop • SFM-Besichtigung
Dauer:	• 0,5 Tage	• 0,5 Tage	• 2×0,5 Tage	• 3 Monate	• 0,5 Tage	• 0,5 Tage

1	2	3	4	5	6
Ziele definiert	Beteiligte u. Betroffene informiert	SFM in Pilotbereich eingeführt	SFM in Pilotbereich erprobt	Korrekturbedarf geprüft	erfolgreiche Umsetzung validiert

Anlage 2: Checkliste Voraussetzungen für die SFM-Einführung

Für die erfolgreiche Einführung eines Shopfloor-Managements ist es sinnvoll im Vorfeld einige Voraussetzungen zu überprüfen, um ein Scheitern des Vorhabens zu vermeiden.

1. Wille des Managements	*ja*	*nein*
Sind die Geschäftsführung und das Management von der Notwendigkeit und dem Nutzen von Shopfloor-Management fest überzeugt?	☐	☐
Besteht der feste Wille, Shopfloor-Management einzuführen und die damit verbundenen Veränderungen in Organisation und Rollenverständnissen konsequent zu unterstützen und anzuwenden?	☐	☐
Sind die Geschäftsführung und das Management bereit, den Einführungsprozess persönlich zu begleiten und an Informationsveranstaltungen sowie Ergebnispräsentationen von Workshops sowie SFM-Meetings verbindlich teilzunehmen?	☐	☐
Sind die Geschäftsführung und das Management bereit, auch anfängliche Rückschläge und Hindernisse auszuhalten und zu bewältigen?	☐	☐

2. Budget-Bereitstellung – Zeit und Geld	*ja*	*nein*
Liegt eine Budgetfreigabe für benötigte Projektkosten und Personalressourcen für die SFM-Einführung vor?	☐	☐
Sind die für die regelmäßigen Shopfloor-Meetings und daraus resultierende Verbesserungsaktivitäten und Maßnahmen erforderlichen Personalaufwände akzeptiert und genehmigt?	☐	☐

3. Information & Kommunikation im Unternehmen	*ja*	*nein*
Wurde der Betriebsrat über die geplante SFM-Einführung sowie Inhalte, Bedeutung, Ziele und betrieblichen Nutzen bzw. Notwendigkeit der Maßnahme informiert?	☐	☐
Wurden alle von der SFM-Einführung betroffenen Führungskräfte und Mitarbeiter ausreichend informiert, Fragen beantwortet sowie evtl. bestehende Ängste genommen?	☐	☐

4. Ziele definieren – Vision und Mission	*ja*	*nein*
Wurde der Wille zur SFM-Einführung und die damit beabsichtigten Ziele eindeutig formuliert und gegenüber Betriebsrat, Führungskräften und Mitarbeitern kommuniziert?	☐	☐

5. Überzeugung der Akteure	*ja*	*nein*
Kennen und akzeptieren alle Beteiligten die Ziele des Shopfloor-Managements?	☐	☐
Kennen und akzeptieren alle Beteiligten ihren eigenen Beitrag zum Shopfloor-Management?	☐	☐

6. Einbeziehung des Betriebsrates	*ja*	*nein*
Wurde der Betriebsrat ausreichend informiert und einbezogen?	☐	☐

Anlage 3: Beispiele möglicher Themen und Inhalte SFM-Board

Die folgende Abbildung zeigt eine mögliche Themen- und Inhaltsstruktur mit Beispielen für mögliche Kennzahlen, die im Rahmen des Shopfloor-Managements behandelt und am SFM-Board visualisiert werden können. Das Beispiel soll lediglich als Anregung dienen und erhebt keinen Anspruch auf Vollständigkeit. Eine umfangreiche Liste mit weiteren möglichen Kennzahlen kann bei Interesse als Download bezogen werden. Die konkreten Inhalte und Kennzahlen müssen letztendlich firmen- und bereichsspezifisch entsprechend den Fragestellungen in Anlage 4 ausgewählt und definiert werden.

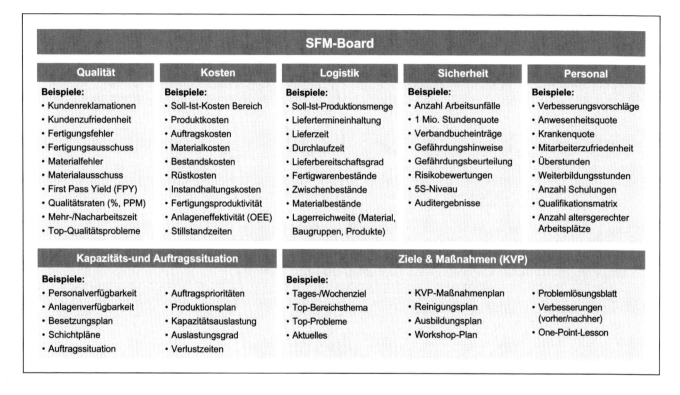

Anlage 4: Checkliste Auswahl Inhalte und Kennzahlen SFM

1. Was sind die übergeordneten Unternehmensziele und welche Zielvorgaben gibt es hierzu?

_____

_____

_____

2. Welche daraus abgeleiteten Bereichsziele und Zielvorgaben liegen vor?

_____

_____

_____

3. Welche vom Bereich selbst beeinflussbaren Messgrößen oder Kennzahlen haben einen
   entscheidenden Einfluss auf die Zielerreichung?

_____

_____

_____

4. Welche intern oder extern verursachten Hauptprobleme oder Einflussgrößen gibt es aktuell,
   die eine Erfüllung der Zielvorgaben für den Bereich erschweren oder behindern?

_____

_____

_____

5. Welche Messgrößen oder Kennzahlen lassen sich einfach und zeitnah mit geringem Aufwand
   vor Ort erfassen und visualisieren und helfen wirklich beim SFM?

_____

_____

_____

6. Gibt es darüber hinaus noch zusätzliche, bereichsspezifische Informationen, Messgrößen oder Kennzahlen,
   die für die tägliche Arbeit von besonderer Bedeutung sind und deshalb vor Ort erfasst und visualisiert werden sollten?

_____

_____

_____

Anlage 5: Checkliste Gestaltung Regelkommunikation

Für die praktische Umsetzung eines Shopfloor-Managements müssen die Regelkommunikation bzw. die SFM-Meetings gestaltet und organisiert werden. Hierfür sind Ort, Zeit, Dauer, Teilnehmer, Inhalte, Hilfsmittel und Ablaufregeln zu definieren und gegenüber allen Beteiligten zu kommunizieren.

1. Wo sollen die SFM-Meetings stattfinden und ist der geplante Ort hierfür hinsichtlich Größe, Lautstärke, Beleuchtung, Sicherheit & Sauberkeit, Erreichbarkeit, Shopfloor-Nähe etc. geeignet?

2. Welche Hilfsmittel (z. B. SFM-Board, Flipchart, Magnete, Stehtisch etc.) werden benötigt bzw. müssen noch beschafft und bereitgestellt werden?

3. Welche Themen/Inhalte sollen in den SFM-Meetings behandelt werden?

4. Wer soll an den SFM-Meetings in welchem Zyklus teilnehmen?

5. Gibt es aufgrund des festgelegten Teilnehmerkreises Zeitrestriktionen, die bei der Gestaltung der Regelkommunikation zu berücksichtigen sind?

6. Wer ist für die Pflege des SFM-Boards und Moderation des SFM-Meetings verantwortlich bzw. welche Regeln (Rotation?) werden hierfür festgelegt?

7. An welchen Tagen und zu welchen Uhrzeiten sollen die SFM-Meetings stattfinden?

8. Wie lange sollen die SFM-Meetings dauern?

9. Welche Regeln sollen bei der Regelkommunikation eingehalten werden?

10. Wie soll die Disziplin der Regelkommunikation sichergestellt werden?

Anlage 6: Auditcheckliste Shopfloor-Management

Nach der Einführung und Erprobung eines Shopfloor-Managements in Pilotbereichen sollte eine Evaluierung bzw. Auditierung durchgeführt werden. Hierbei wird überprüft, ob die definierten Ziele, Inhalte, Regeln etc. erfolgreich realisiert und die eingeführten Standards konsequent eingehalten werden. Dort, wo Abweichungen festgestellt werden, sind Korrektur- und Optimierungsmaßnahmen zu definieren, deren Erfolg dann in einem erneuten Audit überprüft werden muss. Audits sollten auch nach erfolgreicher Einführung zyklisch wiederkehrend durchgeführt werden, damit die Nachhaltigkeit des einmal eingeführten Shopfloor-Managements überwacht und sichergestellt werden kann. Ein Beispiel für eine mögliche Auditcheckliste zeigt die folgende Abbildung.

Audit Shopfloor-Management	vor-handen	teilweise vor-handen	nicht vor-handen	Bemerkung
Bewertung mit: vorhanden (2)/teilweise vorhanden (1)/nicht vorhanden (0)	2	1	0	
Managementprozess/Kommunikation vor Ort				
Ort/Örtlichkeit (Besprechungsinsel etc.) vorhanden				
Regeltermine festgelegt				
festes Zeitfenster (Anfang und Ende) definiert				
auf Pünktlichkeit wird geachtet				
allgemeine Regeln zur Kommunikation (Etikette) festgelegt und eingehalten				
Moderation geklärt (»reihum«, in welchen Zeitabständen, fester Moderator)?				
Struktur/Methoden/SFM-Tafel etc. vorhanden				
Kennzahlen				
Kennzahlen-Zusammenstellung sinnvoll				
Übersichtlichkeit gegeben				
Erfassungsperiode festgelegt				
Darstellung verständlich				
Kennzahlen entsprechen der Unternehmensstrategie				
Instrumente zur Darstellung und Abarbeitung der Kennzahlen				
SFM-Tafel				
Diagramme				
methodische Problemlösungsinstrumente (Problemlösungsblatt, 5W-Methode, Ishikawa-Diagramm)				
Maßnahmenpläne				
Umgang mit erkannten Problemen und Ursachen				
Dokumentation der Themen				
Priorisierung der Themen erfolgt				
Priorisierung der Probleme steht im Zusammenhang mit der Unternehmensstrategie				
Themenspeicher zur späteren Abarbeitung vorhanden				
Probleme werden bereits mit Lösungsansätzen versehen				
Kommunikation der Ergebnisse				
Ergebnisse (positiv/negativ) in der Gruppe kommuniziert				
Ergebnisse auch in anderen Ebenen kommuniziert				
konkrete Lösungsansätze werden mit Kosten/Nutzen formuliert				
Regelkreis zur Behebung der Probleme ist erkennbar				
Maßnahmenplanung				
Bearbeitungswege sind festgelegt				
Zuständigkeiten sind festgelegt				
Bearbeitungszeiträume sind festgelegt				
Zielerreichungskriterien werden überprüft und besprochen				
Erfolgskontrolle				
ist vorhanden				
ist nachhaltig				
Vision, Mission, Strategie				
ist für jeden verständlich und in der Organisation bekannt				
strategische Ziele werden »heruntergebrochen« bis zum SF				
Summe				

Anlage 7: Checkliste Ursachen fehlender Nachhaltigkeit

Sollte nach der Einführung im Rahmen von SFM-Audits festgestellt werden, dass das SFM nicht die definierten Ziele erfüllt, sind die Ursachen hierfür zu ermitteln. Die auf den ersten Blick sichtbaren Hindernisse und Ursachen lassen sich letztendlich auf die in der folgenden Checkliste aufgeführten Ursachen zurückführen. Werden die Hauptursachen gemäß dieser Checkliste selbstkritisch, ehrlich und korrekt identifiziert, so lassen sich daraus konkrete und zielgerichtete Handlungsempfehlungen und detaillierte Korrektur- bzw. Verbesserungsmaßnahmen ableiten.

Mögliche Ursachen/Hindernisse erfolgreicher Weiterentwicklung	Top-Management	Mittleres Management (FK)	Mitarbeiter
Wissen (fehlende Kenntnisse/Informationen, Schulung)			
Können (fehlende Fähigkeiten, Ausbildung, praktische Erfahrung)			
Wollen (fehlende Überzeugung/Motivation)			
Dürfen (fehlende Erlaubnis, Zulassung)			
Sollen (fehlende Ziele, Notwendigkeit, Vorgaben)			
Ändern (fehlende Anpassung von Zielen, Methoden, Regeln)			

0 = keine Hindernisse, 1 = geringe Hindernisse, 2 = mittlere Hindernisse, 4 große Hindernisse

identifizierte Hindernisse	geplante Maßnahmen

Anlage 8: Maßnahmenplan

Maßnahmenplan

Bereich/Abteilung:

Ersteller:

Datum:

Nr.	Problem/Ursache	Maßnahme	Priorität	verantw.	Termin	Status
1						
2						
3						
4						
5						
6						
7						
8						
9						
10						

geplant   begonnen   umgesetzt   wirksam

56

Anlage 9: einfaches Problemlösungsblatt

Problemlösungsblatt

Thema:

Ziel:

Datum:

Ersteller:

1. Problembeschreibung (Zahlen, Daten, Fakten)

2. Problemursache (5W, Ishikawa-Diagramm)

3. Problemlösung

4. Erfolgskontrolle

Anlage 10: A3-Problemlösungsblatt

A3-Problemlösungsblatt

Titel:

Ersteller: Datum:

1. Problembeschreibung

2. Ist-Situation (inkl. Entstehungsort)

3. Zielzustand

4. Ursachenanalyse (Ishikawa-Diagramm, 5W-Methode)

Mensch   Maschine   Material

Methode   Umwelt

Wirkung:

1. Warum?
2. Warum?
3. Warum?
4. Warum?
5. Warum?

5. Maßnahmen (PDCA)

Was?	Wer?	Termin	Status
			⊞
			⊞
			⊞
			⊞

6. Erfolgskontrolle

7. Standardisierung

Anlage 11: Verbesserungsvorschlag – One-Point-Lesson

Verbesserungsvorschlag
One-Point-Lesson

Bereich:

Thema:

Datum:

Ersteller:

Problem:

Lösung:

Verbesserungsmaßnahme:

Vorher (Skizze, Bild, Text):

Nachher (Skizze, Bild, Text):

Anlage 12: Soll-Ist-Aufschreibung

Soll-Ist-Aufschreibung

Abteilung:

Thema:

Woche:

grafische Darstellung (Balken, Linie, Punkte):

■ Soll

● Ist

Menge [St./Tag]

		Montag	Dienstag	Mittwoch	Donnerstag	Freitag	Samstag	Sonntag
Zahlen:								
Schicht 1	Soll							
	Ist							
Schicht 2	Soll							
	Ist							
Schicht 3	Soll							
	Ist							
Gesamt	Soll							
	Ist							

Anlage 13: Strichlistenerfassung

Strichlistenerfassung

Abteilung:　　　　Thema:　　　　Zeitraum:

Nr.	Ereignis/Merkmal/Problem	Vorfälle (1 Strich pro Vorfall)	Anzahl
1			
2			
3			
4			
5			
6			
7			
8			
9			
10			

Anlage 14: Pareto-Problemerfassung

Pareto-Problemerfassung

Abteilung:

Thema:

Zeitraum:

	Menge/Anzahl										Problem-beschreibung
Datum	Bemerkung	Datum	Bemerkung	Datum	Bemerkung	Datum	Bemerkung	Datum	Bemerkung	Datum	Bemerkung
10											
9											
8											
7											
6											
5											
4											
3											
2											
1											

Anlage 14: Beispiel Pareto-Problemerfassung

Pareto-Problemerfassung

Abteilung: *Endmontage Halle 2* **Thema:** *Nicht eingehaltene Liefertermine* **Zeitraum:** *Jun 18*

Menge/Anzahl	Datum	Bemerkung	Datum	Bemerkung	Datum	Bemerkung	Datum	Bemerkung	Datum	Bemerkung
10										
9										
8										
7										
6										
5									18.06.	Auftr.: 9975613 Art.:7762345
4									14.06.	Auftr.: 9855630 Art.:7412341
3	08.06.	Auftr.: 9888761 Art.:7533323					12.06.	Auftr.: 9836357 Art.:7412341		
2	02.06.	Auftr.: 9887661 Art.:7512325	07.06.	Auftr.: 9765431 Art.:7412341			08.06.	Auftr.: 9765631 Art.:7412341		
1	01.06.	Auftr.: 9887651 Art.:7412345	04.06.	Auftr.: 9434641 Art.:7412341	05.06.	Auftr.: 9434544 Art.:7655214	06.06.	Auftr.: 9447284 Art.:7476213	11.06.	Auftr.: 9899875 Art.:7412345
Problem-beschreibung	Zu wenig Personal (Urlaub, krank, umbesetzt)		Ausfall/Störung Endprüfstand		Fehlende Kunststoffteile von Lieferant		Fehlende Blechteile aus Vorfertigung		Zu spät bereitgestellte Auftragspapiere	

Anlage 15: Liefertermineinhaltung

Liefertermineinhaltung

Bereich/Abteilung:

Arbeitsplatz:

Zeitraum:

Nr.	Auftr.-Nr.	Produkt	Status	Soll-Termin	Ist-Termin	Abweich.	Bemerkung/bei Abweichung Ursache
1			☐☐				
2			☐☐				
3			☐☐				
4			☐☐				
5			☐☐				
6			☐☐				
7			☐☐				
8			☐☐				
9			☐☐				
10			☐☐				

geplant   vorbereitet   in Bearbeitung   erledigt

64

Anlage 16: Besetzungsplan

Besetzungsplan

Bereich/Abteilung: Verantwortlicher: Tag/Woche:

Anlage/Arbeitsplatz	Status	Mitarbeiter Schicht 1		Mitarbeiter Schicht 2		Mitarbeiter Schicht 3		Bemerkung
		Soll	Ist	Soll	Ist	Soll	Ist	
1								
2								
3								
4								
5								
6								
7								
8								
9								
10								

● Störung an Anlage   ● Anlage verfügbar

Anlage 16: Beispiel Besetzungsplan

Besetzungsplan

Bereich/Abteilung: _Regelungsfertigung Halle 3a_   Verantwortlicher: _Herr Meister_   Tag/Woche: _12.11.2018_

Nr.	Anlage/Arbeitsplatz	Status	Mitarbeiter Schicht 1		Mitarbeiter Schicht 2		Mitarbeiter Schicht 3		Bemerkung
			Soll	Ist	Soll	Ist	Soll	Ist	
1	Bauteilvorbereitung	🟢	1	1	1	1	/	/	
2	Laseranlage	🟢	1	1	1	1	/	/	
3	Montage-U-Zelle 1	🟢	3	3	2	1	2	2	2 MA Urlaub, 1 MA Frühschicht aus U-Zelle 4 umbesetzt
4	Montage-U-Zelle 2	🟢	2	2	2	2	/	/	
5	Montage-U-Zelle 3	🟢	1	1	1	1	/	/	
6	Montage-U-Zelle 4	⚫	1	0	1	0	/	/	Ausfall Prüfkabine (elektrisches Problem), Servicetechniker unterwegs, Prüfung Zusatzschichten zur Aufholung Rückstand
7	Montage-U-Zelle 5	🟢	2	2	2	2	/	/	1 MA Spätschicht krank, Personal aus U-Zelle 5 umbesetzt in U-Zelle 4
8									
9									
10									
			11	10	10	8	2	2	

⚫ Störung an Anlage   🔘 Anlage verfügbar

Anlage 17: Arbeitssicherheits-Kalender

Arbeitssicherheits-Kalender

Bereich/Abteilung:

Monat:

Jahr:

1	2	3			
4	5	6			
9	10	11	12	13	
16	17	18	19	20	
23	24	25	26	27	
28	29	30			
	31				
7					
14					
21					

Arbeitsunfall, meldepflichtig

Arbeitsunfall, nicht meldepflichtig

unfallfrei

letzter Arbeitsunfall:

unfallfreie Tage:

	Datum	Beschreibung Unfall/Verletzung	Maßnahme	verantw.	Termin	Status
1						
2						
3						
4						
5						

Anlage 18: Qualitäts-Kalender

Qualitäts-Kalender

Bereich/Abteilung:

Monat:

Jahr:

Qualitätsziel:

Qualitätsziel nicht erreicht

Qualitätsziel erreicht

1	2	3	4	5	6
7	8			9	10
11	12			13	14
15	16			17	18
19	20			21	22
23	24	25	26	27	28
				30	29
					31

	Datum	Ursache für Qualitätsabweichung	Maßnahme	verantw.	Termin	Status
1						
2						
3						
4						
5						

Anlage 19: Kosten-Kalender

Kosten-Kalender

Bereich/Abteilung:

Monat:

Jahr:

Kostenziel:

Kostenziel nicht erreicht

Kostenziel erreicht

1	8	15	20	24	28
2	9	16	21	25	29
3	10	17			
4	11	18	22		
5	12	19	23	26	30
6	13				31
7	14			27	

	Datum	Ursache für Kostenabweichung	Maßnahme	verantw.	Termin	Status
1						
2						
3						
4						
5						

Anlage 20: Liefer-Kalender

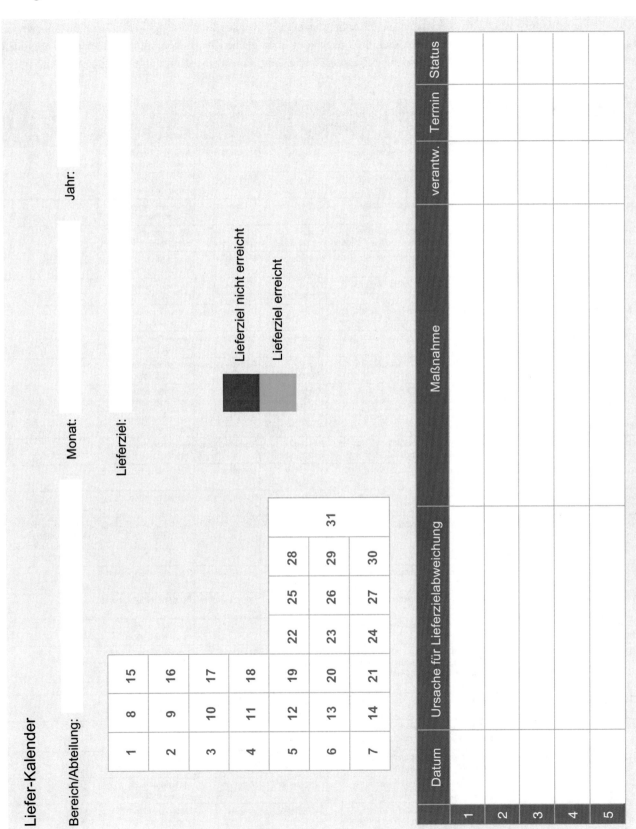

Anlage 21: Kennzahlen-Sammlung

Die folgende Abbildung zeigt einen Auszug aus einer umfangreichen Kennzahlen-Sammlung, die als Download bezogen werden kann. Durch verschiedene Filter- oder Suchfunktionen können mögliche Kennzahlen mit verschiedenen Zielgrößen und Betrachtungsperspektiven ausgesucht oder als Anregung für die Definition eigener Kennzahlen genutzt werden.

Kennzahlen-Sammlung

Bezeichnung	Definition	Zielgröße	Prozessfaktor	Prozess	Zusatzinformation
Unfallhäufigkeit I	Anzahl Arbeitsunfälle ohne Ausfalltage ÷ Periode t	Sicherheit	Mitarbeiter	Arbeits-, Umwelt-, Gesundheitsschutz	
Unfallhäufigkeit II	Anzahl Arbeitsunfälle mit Ausfalltagen ÷ Periode t	Sicherheit	Mitarbeiter	Arbeits-, Umwelt-, Gesundheitsschutz	
Unfallhäufigkeit III	Anzahl Arbeitsunfälle mit oder ohne Ausfalltage ÷ Periode t	Sicherheit	Mitarbeiter	Arbeits-, Umwelt-, Gesundheitsschutz	
Pro-Kopf-Weiterbildungskosten	Kosten für betr. Weiterbildung in der Periode t ÷ Ø Mitarbeiterzahl der Periode t	Kosten ÷ Produktivität	Mitarbeiter	Schulung und Weiterbildung	
Pro-Kopf-Weiterbildungstage	Σ Tage für betr. Weiterbildung in der Periode t ÷ Ø Mitarbeiterzahl der Periode t	Humanität	Mitarbeiter	Schulung und Weiterbildung	
Investitionen je Arbeitnehmer	Investitionen ÷ Zahl der Arbeitnehmer	Kosten ÷ Produktivität	Mitarbeiter	Investitionsplanung und -controlling	
Investitionsdeckung	(Abschreibungen und Abgänge auf Sachanlagen · 100) ÷ Investitionen (Sachanlagen)	Kosten ÷ Produktivität	Betriebsmittel	Investitionsplanung und -controlling	
Investitionsquote I	(Investitionen · 100) ÷ Anlagevermögen	Kosten ÷ Produktivität	Betriebsmittel	Investitionsplanung und -controlling	
Investitionsquote II	(Investitionen · 100) ÷ Umsatzerlöse	Kosten ÷ Produktivität	Betriebsmittel	Investitionsplanung und -controlling	
Investitionsquote III	Ø Brutto-Investition ÷ Ø Betriebsleistung · 100 [%]	Kosten ÷ Produktivität	Betriebsmittel	Investitionsplanung und -controlling	
Kapazitätsauslastung (Maschinen u. Anlagen)	Ø Kapazitätsnutzung ÷ verfügbare Kapazität · 100 [%]	Kosten ÷ Produktivität	Betriebsmittel	Betriebsmittel-beschaffung ÷ -bau	
Kapazitätsausnutzung	erbrachte Leistung (Produktion) ÷ mögliche Leistung (Kapazität)	Kosten ÷ Produktivität	Betriebsmittel	Betriebsmittel-beschaffung ÷ -bau	
Nutzungsgrad I	SOLL-Zeit aller gefertigten Gutteile ÷ Betriebszeit · 100 [%]	Kosten ÷ Produktivität	Betriebsmittel	Betriebsmittelplanung	
Nutzungsgrad II (Gesamtnutzungsgrad)	Gesamtnutzungszeit ÷ theoretische Einsatzzeit	Kosten ÷ Produktivität	Betriebsmittel	Betriebsmittelplanung	
Verfügbarkeit I	Anzahl der Unterbrechungen ÷ Betriebszeit	Kosten ÷ Produktivität	Betriebsmittel	Betriebsmittelplanung	Unterbrechungen infolge Rüsten, Warten auf Material, Instandsetzung o. a.
Verfügbarkeit II	Zeitdauer der Unterbrechungen ÷ Betriebszeit · 100 [%]	Kosten ÷ Produktivität	Betriebsmittel	Betriebsmittelplanung	
Verfügbarkeit III	periodenbezogene Betriebszeit ÷ Betriebsmittel	Kosten ÷ Produktivität	Betriebsmittel	Betriebsmittelplanung	
Anteil des eingekauften Produktes am Einkaufsvolumen	(Einkaufswert des Produktes · 100) ÷ Einkausvolumen	Kosten ÷ Produktivität	Material	Materialeinkauf und -disposition	
Anzahl A-Lieferanten	Anzahl der (umsatzstärksten) Hauptlieferanten, deren Umsätze zusammen 80% des gesamten Lieferanten-Umsatzes ausmachen	Kosten ÷ Produktivität	Material	Materialeinkauf und -disposition	
Ø Einkaufswert je Lieferant	Einkaufsvolumen ÷ Zahl der Lieferanten	Kosten ÷ Produktivität	Material	Materialeinkauf und -disposition	
Importanteil	Wert d. im Ausland bezog. Einkaufvolumens ÷ ges. Wert Einkaufvolumen · 100 [%]	Kosten ÷ Produktivität	Material	Materialeinkauf und -disposition	
Lieferbereitschaftsgrad (Lieferant)	Anzahl termingerechter Lieferungen ÷ ges. Anzahl Lieferungen · 100 [%]	Lieferservice	Material	Materialeinkauf und -disposition	
Lieferverzugsquote (Lieferant)	Ø Lieferverzug (in Tagen) ÷ geplante Ø Lieferzeit (in Tagen) · 100 [%]	Lieferservice	Material	Materialeinkauf und -disposition	
Rahmenvertragsquote (Lieferant)	Wert Einkaufvolumen Lieferanten mit Rahmenvertr. ÷ ges. Wert Einkaufsvolumen · 100 [%]	Sicherheit	Material	Materialeinkauf und -disposition	

Printed in the United States
By Bookmasters